교통조사론

Traffic Investigation

FGSV 지음 | 이선하 옮김

청문각

Preface

교통조사는 교통계획 및 교통운영 등과 관련된 기초자료 수집에 있어서 매우 중요하다. 교통계획 수립 시 통행행태를 파악하기 위한 가구설문조사, 교통망의 용량 검증을 위한 차량, 자전거와 보행자 조사 및 교통사고 조사, 교통현안에 대한 시민과 전문가에 대한 설문조사 등 다양한 목적에 따른 다양한 형태의 교통조사가 필요하다.

국내의 경우에도 국가교통 DB 사업, 전국 화물통행실태조사, 지속가능 교통조사 등 국가 차원의 연구사업은 물론 대부분의 교통 프로젝트와 보고서에 교통조사가 수반되고 있으며, 이에 따른 비용도 막대하다. 조사자료의 신뢰성이 연구결과에 직접적인 영향을 미친다는 측면에서 체계적인 조사 방법론의 정립은 매우 중요하다고 볼 수 있다.

그러나 이와 같은 교통조사의 중요성에도 불구하고 아직까지 국내에는 체계적인 교통조사와 관련된 전문서적이 출판되지 않고 있다는 점이 매우 안타깝다. 이러한 측면에서 독일의 "교통조사 지침서(EVW: Empfehlungen fuer Verkehrserhebungen)"를 번역하여 그 내용을 국내 교통전문가들에게 제공하여 교통조사 시 활용할 수 있게 하는 것은 의미가 있다.

본 책에서는 교통조사의 용어정의, 조사목적 및 이에 따른 조사지표와 조사형태 분류 이후, 조사계획 시 유의하여야 할 통계학 이론과 기법을 제시한다. 조사형태 중 가장 먼저 보행자와 자전거와 대중교통 승객 이외에 횡단면, 교차로와 교통망에서의 차량 계측과 주차 차량 조사도 설명된다. 다음은 차량, 대중교통과 주차차량의 측정 기법과 차간거리 측정, 교통상충 기술, 비디오 관찰과 항공사진 등 관찰기법이 설명된다. 횡적과 패널 설계의 가구설문 등의 설문조사 기법과 가설적 상황에서의 교통행태 수집과 정량적 조사기법도 설명된다. 마지막에 교통조사와 관련된 정보보호 관련 내용이 구성되었다.

앞으로 이 책이 교통분야 엔지니어링, 연구원, 학계 등의 소속 연구자들이 교통 프로젝트 진행 시 수행하게 될 교통조사에 작은 기여라도 되기를 바라며 역자 머리말을 마무리한다.

마지막으로 한독 국제 교류차원에서 이 책이 번역되어 출판될 수 있도록 허가해 주신 독일도로교통연구원(FGSV: Die Forschungsgesellschaft für Strassen und Verkehrswesen)의 Dr.-Ing. Rohleder 원장님과 FGSV 출판사의 Hoeller 사장님께 감사의 말씀을 드린다.

2017년 8월 이선하

Contents

Chapter 04

측 정

관 찰

설문조사

Chapter **07**

가설적 상황에서의 행태반응 조사

정성적 조사기법

교통조사 시 정보보호

부 록

Chapter

01

개 요

Department of Civil Eng. Major: Traffic Engineering

1.1 사전고려 사항

교통조사는 교통계획 및 교통운영 등과 관련된 기초자료 산출에 필요하다. 다양한 계획목적에 따라 적합한 조사종류도 다양하다. 계획에 대한 요구사항들은 교통조사의 목적에 따라 변하게 된다. 교통현황에 대한 양적 묘사는 교통현황의 원인분석과 내부적 상관관계에 대한 연구로 확장되고 있다. 이를 통하여 조사자료에 대한 요구사항뿐만 아니라 조사방법도 변화하고 개발되고 있다.

"교통조사 가이드라인(EVW: Empfehlungen füer Verkehrserhebungen)"은 경험적 방법론에 의하여 수집된 자료의 수준을 적절한 조사방법 절차를 통하여 확보하는 것이다. 나아가 연구뿐만이 아니라 조사에 있어서 다양한 실제적인 경험이 많이 축적되었으며 이들은 해당되는 장에서 설명된다. 교통계획 과정의 경험적 자료들은 대부분 표본조사에 의하여 확보되므로 조사방법의 선택과 규모 및 모집단에 대한 전수화는 중요한 의미를 갖는다. 이를 위하여 조사계획 시 고려되는 다양한 통계적 기법들이 제시되었다.

교통학에서 자료 품질에 대해서는 아직까지 일반적으로 통용되는 정의가 제시되지 않고 있다. DIN EN ISO 9000에서 제시하는 일반적인 품질에 대한 정의는 "과정(사전계획, 설계, 허가계획, 실행계획)의 입력자료와 결과자료의 구성이 적절한 요구조건을 만족하는 정도"로 제시되었다. 이 정의에 따라 자료에 대한 품질요구는 계획과정의 종류와 상태에 따라 결정된다.

다음과 같은 특성들이 교통학에서 자료의 수준을 묘사한다.

- 완전성
- 정확성
- 현실성
- 신뢰성

"완전성"은 수집된 자료가 실제상황의 복잡성을 반영하는 정도를 의미한다. 예를 들어 교통조사자료에 있어서 계획과 관련된 조사시간과 차량 진행방향에 따라 구분된 교통량의 제시를 의미한다. 교통행태조사에서는 조사대상 인원들을 유사한 행태를 갖는 그룹으로 세분류하는 것을 의미한다.

"정확성"은 개별 지표 도출 시 수동과 자동기법으로 이룰 수 있는 지표 특성의 정확도로 이해되며, 예를 들어 설문 조사 시 통행설문에서 조사되는 차량의 운행속도 또는 운행거리 등이다. 정확성은 다른 품질지표와 같이 수집된 데이터의 사용으로부터 도출되는 요구조건과 관련되어 정의된다.

"현실성"은 수집된 데이터가 계획 단계 이용 시점에서 실재하는 현실을 얼마나 잘 반영하는지의 정도를 나타낸다. 교통조사 계획을 위하여 추후에 필요한 데이터 규모는 현실성 측면에서 결정되어야 한다.

"신뢰성"은 DIN EN ISO 9000에 따른 "확보성과 기능성, 내용 보존성과 자료 준비성에 대한 영향요소 설명을 위한 종합적 개요"를 적용한다. 신뢰성의 중요한 가정은 데이터 확보 과정의 투명성이다. 이러한 정보는 교통 데이터와 같이 수반되는 메타 데이터이며, 이용자들이 데이터 품질의 추정과 데이터의 적용범위를 판단토록 한다. 신뢰성으로 데이터에 대한 접근이 연계된다. 순수한 기술적인 접근성(데이터 포맷과 저장매체)을 넘어 데이터들이 이용자들에게 적절하게 해석 되는 것이 중요하다. "교통조사 가이드라인"에 적용받는 데이터 확보 기법의 개방성과 정의된 전문용어의 적절한 이용은 신뢰성 있는 데이터를 위한 기본 가정이다.

1.2 지침의 내용과 구성

1, 2, 9장에서는 모든 교통조사 종류와 기본개념이 설명된다.

1장은 중요한 용어정의와 한계, 조사의 원칙적인 흐름은 물론 중요한 목적과 지표 및 다양한 조사형태에 대한 이들과의 연관성을 다룬다. 2장은 조사계획 시 유의하여야 할 통계학의 중요한 이론과 기법에 관한 개요를 제시한다.

3장에서 8장은 다양한 조사종류(계측, 관측, 관찰, 통행설문조사, 가설적 시장 설문조사, 정성적 원칙)를 이에 해당하는 조사와 연계하여 설명한다. 이 장들은 각자 독립적으로 다른 장을 읽지 않고 이해될 수 있다. 다른 조사종류 또는 지침서와의 가능한 연관성은 별도로 표시되었다.

3장은 교통분야에서 계측을 다룬다. 보행자, 자전거와 대중교통 승객 이외에 횡단면, 교차로와 교통망에서의 차량 계측은 물론 주차 차량 조사도 설명된다.

관측은 4장에서 다룬다. 차량, 대중교통은 물론 주차차량의 관측이 제시되었다.

5장은 관찰을 다루고 있으며 교통현황 분석, 차간거리 측정, 교통상충기술, 비디오 관찰과 항공사진 등을 다룬다.

통행설문은 6장에 설명되었다. 횡적과 패널 설계의 가구설문 이외에 행위 발생장소와 교통시스템은 물론 운영기관과 회사에서의 설문과 차량 보유자에 대한 설문을 다룬다.

가설적 상황에서의 교통행태 수집(7장)과 정량적 조사기법(8장) 이외에 9장의 정보수집으로 정리된다.

1.3 조사 목적과 지표

조사방법의 선택 이전에 주요한 고려사항은 조사목적과 수집되는 교통지표에 대한 이해이다. 이에 대한 복잡성이 다음에 논의된다. 이어서 조사 시 설정되는 가정과의 연관성이 설명된다.

교통통계에 있어서 교통지표들이 문서화되어 시간적인 추세를 알 수 있도록 한다. 무엇보다도 사람통행과 화물통행 수요가 중요하며 이들은 통행발생과 수송능력으로 표현된다. 교통수단 분담률과 같은 추가적인 지표는 이들 지표로부터 도출된다. 대중교통에 있어서는 교통운송통계와 운영실적통계로 구분된다. 교통운송통계 업무는 운송실적을 문서화하는 것이다. 이에 반하여 운송실적통계를 통하여 대중교통 운영기관의 수송능력 공급이 설명된다.

교통추세계획에 있어서는 모델을 활용하여 분석 또는 계획범위에 대한 장래 교통추세가 예측된다(교통모형).

기준상황(Should-Be-Case)에 대한 교통수요 모델로부터 장래의 다양한 계획상황에 대한 교통수요가 예측된다. 계획상황은 일반적으로 수요 관련 대안과 교통공급의 시설확충적 대안이 포함된다.

기준상황의 교통수요모델은 수요, 교통시설과 개별통행행태를 현실적으로 묘사하는 원인 −결과 관계의 알고리즘이나 조사에 의한 교통통행자료에 기초한다. 교통모델의 선택에 따라 모델에 대한 다양한 입력자료가 필요하다.

예를 들면,

- 1일 평균 통행빈도
- 평균 통행거리
- 통행행태 비율

이에 추가하여 교통모형의 보정을 위하여 다음과 같은 교통자료들이 필요하다.

- 교통 존 간 유입과 유출통행
- 교통수단 분담률
- 교통량
- 통행거리 분포

계획상황에 대해서는 변화된 여건(예를 들면 인구분포)과 분석하고자 하는 대안들을 고려한다. 조사에 의하여 수집되는 자료들은 교통수요모델의 선택에 따라 결정된다.

도로교통시설 설계에 있어서 설계요소가 선택되고 교통수요와 관련된 서비스 수준이 산출된다. 설계는(소규모) 교통시설의 구축과 교통망 상의 운영적 대안을 위한 기초자료가 된다. 이때 분석목적에 따른 시공간적 교통수요와 수단분담률이 필요하다. 교통흐름 분석에 있어서 주요 지표로는 다음과 같은 것들이 있다:

- 교통량
- 교통밀도
- 평균속도

교통류 모델에 의한 분석이 필요한 복잡한 설계업무에는 거시적 지표 이외에 미시적 교통자료도 필요하다(예를 들어 대기시간, 차두간격, 차두거리).

IT를 활용하면 실제 교통흐름을 고려하여 교통수요를 통제할 수 있다(교통관리). 기상자료(기상자료, 노면상황) 이외에 교통관리에 있어서 교통흐름에 대한 자료가 필요한데(도로교통시설의 설계), 이 경우 설계업무에 비하여 현실성, 시간적 세밀성과 정확성에 등에서의 요구사항이 더욱 높다.

교통경제적 평가목적에 있어서(경영과 경제적 분석) 비용편익 분석기법이 적용된다. 대중교통과 관련한 교통경제적 분석은 노선비용, 노선별 수익 분석기법이 개발되었다. 대중교통경제적 기법에는 "표준화된 평가"와 개인교통 "도로 경제성 평가 지침서"는 물론 연방교통계획에 의한 "평가기법"이 있다.

경영과 경제적 분석에는 다음과 같은 자료들이 필요하다.

○ 승용차 교통량
○ 대중교통 승객 수
○ 차종 구성(승용차, 화물차, 버스 등)
○ 통행시간 절감 또는 증가량

대중교통 운영, 조직과 재원 측면의 특수성으로 인하여 위에서 언급된 대중교통과 관련된 사항 이외에 많은 조사목적들이 있다. 여기에는 다음과 같은 사항들이 포함된다.

○ 대중교통 운행계획(차량운행계획과 인력투입계획)
○ 요금과 수입계획
○ 수입배분
○ 장애인 무료수송에 대한 보조금 적정규모
○ 대중교통 위탁기관과의 계약

시장조사는 시장상황과 기업 여건에 대한 정보를 습득하는 데 목적이 있다. 조사목적에 따라 조사특성과 도출되는 지표가 다르며, 특정 상품이나 교통서비스에 대한 이용, 구매와 지불의사는 물론 관심, 선호도 등에 대한 자료가 수집된다. 조사는 현재의 고객뿐만 아니라 비고객 또는 장래 고객도 포함된다. 표 1.1에서는 위에서 언급된 교통계획적과 교통기술적 사항에 대한 중요한 특징들이 설명된다.

표 1.2는 교통분야에서 어떤 조사기법이 어떤 지표들을 도출하는지를 나타낸다.

표 1.1 교통지표

구 분	내 용
개별 행태지표	• 통행빈도 : 특정 시간대 인당 통행빈도(일반적으로 24시간-일) • 통행거리 : 통행한 거리 • 통행시간 : 통행의 시간적 기간 • 운행거리(일 통행거리) = 인당 총통행거리 • 운행시간 : 인당 1일 총통행거리를 운행한 시간 • activity : 장소 이동 수행을 위한 동기(통행목적과 동일) • activity reference : 한 사람의 하루 동안 집 바깥에서의 활동 순서(예 : 집 - 직장 - 집) • 교통수단선택 : 한 사람의 통행에서 활용한 교통수단

(계속)

구 분	내 용
집체적 교통지표	• 통행발생 : 특정한 분석공간 또는 특정 횡단면에서의 단위시간당 사람과 차량의 장소이동 빈도. 대중교통 통행발생 시 승객운행, 승객 수 또는 수송인원 등의 정의 활용 • 교통용량 : 단위시간당 교통작업(단위시간당 인 km 또는 톤 km로 제시) • 교통작업 : 교통요소의 수와 이들의 운행거리의 곱(사람통행을 정의할 경우 "특정 교통용량으로 제시[km/인, 일]") • 통행발생과 교통작업은 교통수단과 통행목적에 따라 구분될 수 있음
교통흐름 미시적 지표	• 두 차량 간 시간간격 : 한 횡단면을 두 개의 연속하는 차량이 통과하는 시간간격 • 두 차량 간 거리간격 : 한 시점에서 연속되는 차량 간의 거리 • 개별 차량 또는 사람의 속도 - 차량 또는 보행속도 : 운행거리를 차량 또는 보행시간으로 나눈 차량 또는 보행의 평균속도 - 운송속도 : 운행거리와 운송시간으로부터의 비율 - 운행속도 : 운행거리를 운행시간으로 나눈 한 사람의 통행에 대한 평균속도
교통흐름 거시적 지표	• 교통량 : 한 횡단면에서 단위 시간당 교통류의 교통단위 수. 교통수단별로 구분될 수 있다. 개별 지표 이외에(시간 주기당 최대 교통량) 많은 조사에서 교통분포도가 필요하다. • 교통밀도 : 한 시점에서 거리 단위당 교통류의 교통요소 수(교통량과 평균속도의 비율) • 교통류의 최소, 최대 또는 평균속도와 속도분포도(시간대별 속도 변화) 또는 속도 프로필(거리에 대한 속도 분포)를 구분한다.
가시적 행태	교통안전 연구에 있어서 중요하다. • 수동적 안전 : 교통행태의 교통안전 관련 지표들은 해당되는 사람이나 차량관찰을 통하여, 즉 특정한 관찰기간 동안 교통흐름 상에서, 수집될 수 있다(예 : 안전벨트 착용, 헬멧과 보호장비 또는 동승하는 어린이 안전 등). • 능동적 안전 : 교통행태에 대한 직접적인 관찰(예 : 주간 전조등, 횡단보도, 신호등, 회전교차로에서의 차량운전자의 행태) 교통관찰을 통하여 교통행태의 시간적인 변화를 분석하고 교통안전대책 등의 효용성을 평가할 수 있다.
주관과 선호	주관은 사람의 사물에 대한 평가를 표현한다. 선호는 대안의 선호 또는 효용성을 의미한다. 많은 조사에서(특히 시장조사) 주관과 선호는 다음 분야에서 측정된다. • 대중교통 공급에 대하여(정시성, 청결성, 안전성, 쾌적성 등) • 주차시설 공급에 대하여(주차여건, 주차요금 등) • 통행서비스 이용에 대하여(네비게이션 시스템, 정보제공시스템 등) 지표는 일반적으로 정량적이며, 부분값으로 설명될 수 있다(예 : 네비게이션의 추천을 따르는 조사참여자의 비율).

표 1.2 조사기법에 따른 지표분류

지표		조사기법					
		계측	측정	관찰	통행조사	가설적 설문	정량적 기법
		3장	4장	5장	6장	7장	8장
행태지표	(예) 교통수단선택				×	×	×
집체적 교통지표	통행량	×			×		
	교통용량				×		
교통류 미시적 지표	차두시간 간격 속도		×				
교통류 거시적 지표	교통량	×					
	교통밀도	○	○	×			
	속도	○	×				
주관/선호	(예) 선호하는 교통수단				×	×	×
가시적 행태	(예) 적색 신호등 무시			×			

표 1.3 2차 자료 개요

2차 데이터 형태	활용 데이터	관련기관
거주자와 고용인 데이터	주민등록 데이터, 사회보장 고용인 통계, 인구와 직업통계조사, 공공 학교통계, 출퇴근 데이터	주민센터, 연방통계청, 지방정부 통계청, 직업시장과 직업연구 연구소
차량구성 데이터	구동방식에 따른 승용차와 화물차, 허용 총 중량, 이용중량, 허가 지자체 등.	연방차량청(KBA), 자동차산업연합, 독일 지자체 통계연감
교통 데이터	도로교통조사(장시간 조사, 단시간 조사), 연방 교통데이터뱅크, 공공 도로교통사고통계, 지방정부 도로데이터뱅크, 숫자로 보는 교통, 독일 교통산업연합 통계	연방교통건설도시개발부(BMVBS), 연방정부, 연방도로교통연구소, 연방건설도시계획청(BBR), 연방통계청, 독일경제연구소(DIW), 독일교통산업연합(VDV)
행태 데이터	교통행태의 지속적 수집(KONTIV 1976, 1982, 1989), 독일 Mobility(MiD 2002, 2008), 독일 통행 패널(MOP 매년), 도시 Mobility(SrV, 1972년 이후 매 5년), 차량소유자 독일-설문조사의 차량교통(KiD 2002, 2010), 운송조사(1990/1993, 2002), 지역간 교통조사(INVERMO, Dateline)	연방교통건설도시개발부(BMVBS)과 연방도로교통연구소, 지자체와 교통산업체

1.4 2차 자료

2차 자료는 사전단계에서 일부분 확보될 수 있다. 2차 자료는 적절한 조사기법의 선택과 가중치/전수화에 있어서도 필요하다. 다수의 기관에서 필요한 자료를 조사하고 이를 정기적으로 업데이트하고 있다.

표 1.3은 중요한 공공적 통계와 조사에 대한 개요를 나타내고 있다.

1.5 조사범위의 공간적 체계

조사목적에 따라 분석범위와 계획공간이 제시된다. 계획공간은(교통적) 정비를 위한 대책 개념들이 처리되는 영역이다. 분석범위는 계획공간 자체와 이들의(교통적인) 영향범위를 의미한다.

관련된 교통들은 다음과 같이 체계화된다.

- 통과 교통 : 통행의 시작과 종점이 대상공간 외부에 있음
- 유출 교통 : 통행시작은 대상공간 내부에 종점은 외부에 있음
- 유입 교통 : 통행 종점은 대상공간 외부에 기점은 내부에 있음
- 내부 교통 : 통행 기점과 종점이 대상공간 내부에 있음
- 진입 교통 : 대상공간으로 진입하는 교통(유입교통과 통과교통)

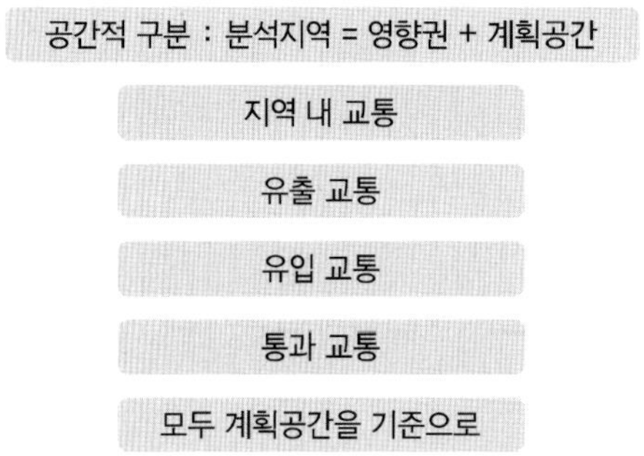

공간적 구분 : 분석지역 = 영향권 + 계획공간

지역 내 교통

유출 교통

유입 교통

통과 교통

모두 계획공간을 기준으로

그림 1.1 분석영역의 공간적 체계

○ 진출 교통 : 대상공간에서 진출하는 교통(유출교통과 통과교통)

조사목적에 따라 분석영역에 대하여 증가하는 거리만큼 진출입교통의 유입과 유출을 위한 영역 세분화는 점점 모호해질 수 있다.

분석영역 내 교통 존의 구분은(대안 : 부분 교통 존, 교통지구) 통계적, 주거구조적 그리고 지형 및 계획과 관련된 관점에 의한다. 여기에서 기존의 행정통계적 지구구분을 반영한다.

교통지구의 경계는 통계적 지구경계 또는 지역경계와 지속적으로 일치하도록 한다. 좀 더 세밀한 구분이 필요할 경우 블록단위까지 세분화할 수 있다.

1.6 교통조사계획

조사방법의 선택은 분석목적에 따라 정해진다.
적절한 조사방법의 선택은 다음과 같은 조사 목적분야를 고려하여 결정한다.

○ 조사의 동기가 무엇인가?
○ 조사의 목적이 무엇인가?
○ 이전 조사경험을 참고로 할 수 있는가?
○ 분석자료가 명확하게 조사될 수 있는가?

주요사항
○ 보편화된 조사방법은 없으며 구체적인 조사목적에 따른 적절한 방법론이 적용된다.
○ 적절한 조사방법의 선택은 가능한 한 조사목적에 대한 정확한 구성은 물론 내용과 공간적인 한계를 기초로 한다.

목적하는 예측, 예측의 정확성은 물론 정보 제한 등도 조사방법 선정 이전에 개별 방법에 따라서 수집되는 지표의 정확도에 한계를 가정한다. 조사에 수반되는 부담과 이에 따른 조사기법의 선택은 분석 목적, 조사범위와 결과에서 요구되는 정확성과 차별성에 따라 결정된다. 모든 조사방법은 소요 재원에 대한 적절성을 고려하여 시간적, 공간적 그리고 양적으로 최적화하도록 한다.

수집된 정보자료로부터 계획예측에 대한 몇몇 의문점들은 잘못된 조사방법이나 자료의 처리에 있어서 명확한 예측이 가능하지 않기에 답변되지 못하는 경우가 있다.

조사방법과는 별도로 조사 이전에 다음과 같은 절차들이 진행되어야 한다.

- 분석목적의 정의
- 분석지표의 개발과 선택(예 : 통행거리, 통행목적)
- 개략적 전략(설문방법, 표본)
- 분석도구 개발(조사도구의 구성, 요소)
- 사전 테스트
- 조사수행 전략

조사 이전에 수집단위에 대한 명확한 내용적인 정의를 하여야 한다. 이때 구분하여야 할 것은

- 조사단위 : 표본선택의 기초로 활용된다(예 : 가구, 회사).
- 분석단위 : 모든 조사의 인식주체를 묘사한다(예 : 인구, 고용인).

행태 기반한 조사(관찰과 설문)의 조사진행에 있어 다음과 같은 의미가 있는 두 가지 자료종류를 구분한다.

- 통행행태 자료(예 : 통행빈도, 통행목적, 통행거리, 교통수단)
- 사회인구적 자료(예 : 생년, 최종학력, 직업)

분석목적이나 계획된 조사방법에 따라 초기에 필요하거나 확보된 2차 자료와 그들의 차이점을 파악하는 것이 필요하다(1.4 참조).

모든 조사 이전에 다음 사항에 대하여 명확하게 정리되어야 한다.

- 필요자료의 정확한 정의
- 자료 정확성의 요구 정도
- 분석지역/계획공간의 크기, 필요할 경우 지구와 교통 존의 세분화
- 조사기법
- 조사기간과 조사주기의 길이
- 조사시점과
- 자료분석 기법

일반적으로 다음에 설명된 조사방법들이 적용된다.

1.6.1 측정

측정을 통하여 계획공간 내 도로망 상에서 사람통행과 물적 통행이 수집된다.

○ 개체 측정 : 개체 측정은 정의된 시간 동안 명확하게 구분된 공간 내에서 체류하고 있는 사람이나 차량을 측정하는 것을 의미한다. 예를 들어 횡단보도에서 보행자와 주차차량의 측정 등이 있다.

○ 횡단 측정 : 횡단 측정은 정의된 시간 동안 측정단면을 횡단하는 사람이나 차량을 측정하는 것이다.

○ 교차로 측정 : 교차로에서 교통흐름 관찰이 용이할 경우 보행과 차량진행 방향별로 구분된 교통흐름의 분포 분석이 가능하다.

○ 교통망상 차량 측정 : 대규모 계획공간에서 통과교통 측정이 필요할 경우 자동차 번호판 측정이 필요하다. 검증된 조사기법으로는 폐쇄선(Cordon line) 조사가 있다. 계획공간 경계의 모든 진입, 진출 교통축에서 또는 – 으로 진출입하는 교통류가 측정된다. 이를 통하여 유입, 유출과 통과교통량 비율을 산출할 수 있다.

1.6.2 관찰

관찰을 통하여 사람통행의 외부적 특성과 실제적이고 가시적인 행태를 파악할 수 있다. 이때 통행행태 배경에 대한 정보는 파악이 불가능하다. 도로공간에서 행동에 대한 조사는 영상촬영에 의하여 가능하다.

1.6.3 설문

설문을 통하여 실질적인 시간, 공간과 사회인구적 여건에 기반한 사람들의 기억된 또는 의도된 통행행동과 통행행태의 배경을 파악할 수 있다.

○ 교통망 상 설문조사 : 교통망 상 특정 지점, 주차장 또는 대중교통 수단 내에서 통행인들을 대상으로 한 짧은 설문조사를 의미한다. 출발지와 목적지, 통행목적과 사회인구적

인 특성이 우선적으로 파악된다.

- ○ 가구 설문조사 : 표준화된 설문지를 활용하여 외부 통행행태를 측정하기 위하여 표본추
  출 기법을 통하여 선정된 가구의 모든 구성원들에 대한 표준화된 설문지를 활용한다.
- ○ 목적지 설문조사 : 이러한 형태의 설문은 주로 여가시설의 주차장 등에서 시행된다.
- ○ 직장 또는 기업 설문조사 : 이 설문은 경제활동과 방문통행 및 출퇴근통행에 대한 자료
  를 수집한다. 경제활동 교통의 경우 그 복잡성으로 인하여 단편적인 조사에 국한된다.

그림 1.2는 교통조사의 일반적인 작업절차를 나타내고 있다. 작업절차들은 조사기법에 따
라 해당되는 장에서 세부적으로 설명된다.

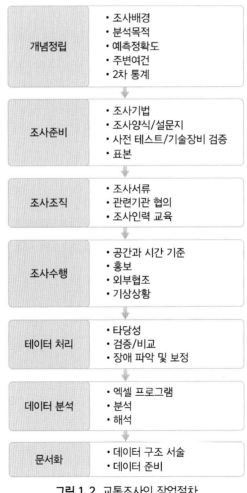

그림 1.2 교통조사의 작업절차

1.7 교통조사 보고서

조사자료의 수준을 평가할 수 있는 기본가정이 전체 조사과정의 보고서이다.

1. 개요/기본사항 제시/출처 제시(예를 들어, 발주처, 수주처, 재원부담기관)
2. 조사의 현황과 목적
3. 조사의 모집단(예를 들어 "2009년 12월 31일 기준 Y 지역의 X 세 이상 거주자")
4. 시간적, 공간적 범위(현장조사 기간, 지리적 조사공간)
5. 분석 - /조사단위(분석단위의 특성)
7. 목표 정확도
    7.1 표본오차
    7.2 통계적 신뢰성
    7.3 유효표본 수
8. 지표수집 기법
    8.1 조사기법
    8.2 투입 조사도구
    8.3 투입 조사인력계획
    8.4 조사 참여자 인센티브(참여율 향상을 위한 인센티브)
    8.5 조사인력의 교육
9. 추출모집단(추출 단위 표시)
10. 추출기법
    10.1 계층분류
    10.2 Cluster
    10.3 표본 추출기법
11. 사전 조사
    11.1 계획과 시행
    11.2 결과와 시사점
12. 조사의 조직과 수행(현장조사 단계)
    12.1 현장 보고서
    12.2 응답행태
    12.3 비응답 분석
13. 자료정리와 분석
    13.1 자료의 수집, 검사, 정리와 보정
    13.2 가중치와 전수화 계수
    13.3 전수화/Excel
14. 자료수준 평가
    14.1 표준오차
    14.2 2차 오차
    14.3 비응답 오차
    14.4 측정오차
15. 보완 자료(예를 들어, 투입조사 자료집)

교통조사
통계적 이론

Department of Civil Eng. Major: **Traffic Engineering**

이 장에서 설명되는 주제들은 모든 종류의 교통조사(조사, 계측, 설문 또는 관찰)에 있어서 중요하다. 따라서 조사 이전에 다음 주제들에 대한 방법론적인 조건을 숙지하고 조사에 고려하는 것이 필요하다. 이를 통하여 자료의 충분한 질적 수준 확보가 가능하다.

2.1 모집단과 표본추출 방법

모든 통계적 단위들은(개체, 조사개체 또는 특성지표 등) 함께 모집단을 구성한다. 이들은 명료하게 정의되어야 하며 대부분 N개의 서로 구분되지만 동질의 특성을 갖는 개체로 구성되어 대체로 단순하다고 볼 수 있다. 이들은 또한 내용적으로, 공간적으로 그리고 시간적 측면에서 명확하게 경계되어야 한다. 그러나 현실에 있어서는 그렇지 않은 경우가 많다.

따라서 N개의 교통조사에 있어서 모집단은 조사가 종료된 이후에 알게 되는 경우가 있다. 반면에 독일의 사람통행행태 조사에 있어서 모집단은 초기부터 알 수는 있으나 모집단의 경계는 모호한 경우가 있다. 독일 내에 거주하는 모든 사람들을 고려함으로써 공간적인 한계를 결정할 수도 있다. 그러나 이 경우 독일국적을 갖고 있으나 장, 단기적으로 외국에 거주하는 사람들의 통행행태는 반영되지 못한다. 내용적인 경계에 있어서는 설문조사 내용의 복잡성과 번역이 수반되지 않으므로 독일어를 이해하는 성인을 대상으로 할 수도 있게 된다. 시간적인 구분은 인구가 지속적으로 변화하기 때문에 더욱 어려울 수 있다. 설문 대상을 결정하기 위한 기준시점으로 특정일을 선택할 수 있다. 이와 같은 간단한 사례를 통하여 이론에서 설정된 목적들이 실제 구현과정에 있어서 상호 충돌을 갖게 됨을 알 수 있다.

자료습득에 있어서 모집단의 모든 개체를 대상으로 할 것인지 또는 이 중 일부만을 대상으로 할 것인지를 결정하여야 한다. 분석에 있어서 모든 모집단을 대상으로 할 경우 "전수조사"라 하며, 모집단 일부 분석개체의 특성들만을 조사할 경우 이 부분을 "표본" 그리고 이 부분 조사를 "표본조사"라 한다(그림 2.1).

모집단 일부의 제한은 분석단위의 선택에 있어서 예를 들어 연령구조와 같은 관심이 있는 특성을 기준으로 한 표본이 모집단의 축소화된 형태가 되도록 하며 이를 대표적이라고 한다. 이를 통하여 모집단에 대한 표본이 전수화되고 전수화 과정에서의 오차들이 통제된다(표본오차).

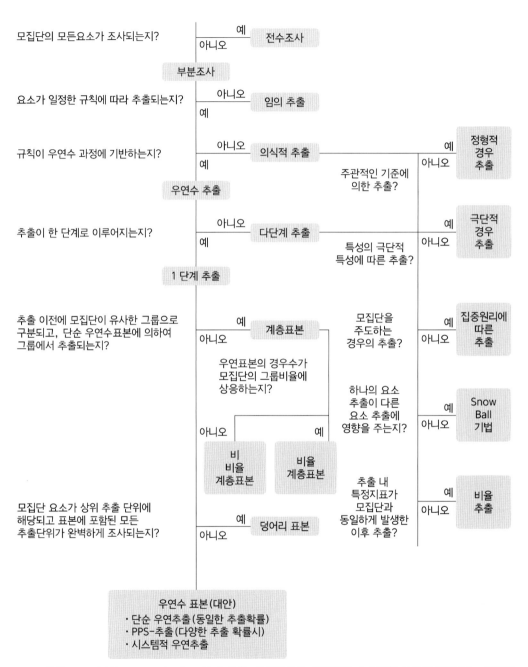

모집단의 모든요소가 조사되는지?　예　전수조사
아니오
부분조사

요소가 일정한 규칙에 따라 추출되는지?　아니오　임의 추출
예

규칙이 우연수 과정에 기반하는지?　아니오　의식적 추출　예　정형적 경우 추출
예　　　　　　　　　　　　　　　　아니오
우연수 추출　　　주관적인 기준에 의한 추출?

추출이 한 단계로 이루어지는지?　아니오　다단계 추출　예　극단적 경우 추출
예　　　　　　　　　　　　　　　아니오
1 단계 추출　　　특성의 극단적 특성에 따른 추출?

추출 이전에 모집단이 유사한 그룹으로 구분되고, 단순 우연수표본에 의하여 그룹에서 추출되는지?　예　계층표본　모집단을 주도하는 경우의 추출?　예　집중원리에 따른 추출
아니오　　　　　　　　　　　　아니오
우연표본의 경우수가 모집단의 그룹비율에 상응하는지?

하나의 요소 추출이 다른 요소 추출에 영향을 주는지?　예　Snow Ball 기법
아니오
아니오　　예
비 비율 계층표본　비율 계층표본

추출 내 특정지표가 모집단과 동일하게 발생한 이후 추출?　예　비율 추출
아니오

모집단 요소가 상위 추출 단위에 해당되고 표본에 포함된 모든 추출단위가 완벽하게 조사되는지?　예　덩어리 표본
아니오

우연수 표본(대안)
· 단순 우연추출(동일한 추출확률)
· PPS-추출(다양한 추출 확률시)
· 시스템적 우연추출

• PPS-추출 : "Probability Proportional to Size"-추출, 추출확률은 모집단의 추출단위 크기에 비례(에 : 기업의 고용자 수 또는 지역의 인구 수)
• 다단계 추출은 다양한 추출단위를 갖는 1단계 기법의 조합으로 구성

그림 2.1 조사방법론 절차 개요

조사수행 측면에서 조사개체의 구성원 모두를 자연스럽게 활용하는 것이 바람직하며 개별 조사단위 대신에 모든 구성요소를 선택하는 것이 효율적이다(예를 들어 가구의 모든 구성원, 대중교통 노선의 모든 승객).

표본추출의 대상이 되는 개체 모집단은 추출모집단이라 한다. 이는 많은 경우에 모집단과 동일하지 않다.

따라서 예를 들어 전수조사에 있어서 모집단은 종종 독일 인구가 되지만 추출 모집단은 인구등록 통계로부터가 아닌 전화번호부를 기준으로 가정에 전화가 연결된 독일 인구가 된다.

교통조사의 계획공간에 있어서 사람들의 특성과 통행에 대한 관심이 높다. 이러한 측면에서 추출단위는 "사람 – 일"이 고려된다. 분석단위는 이 경우 사람 – 일(예를 들어 특성 "조사일 통행 유/무")과 함께 이에 수반된 통행(예를 들어 특성 "통행목적")이 된다. 조사대상 인구의 선택에 있어서 다양한 추출근거가 있으며, 관심대상 인구나 통행특성이 조사되어야 할 조사 일은 달력에 기초한다.

적절한 가구와 인구 주소의 산출은 다음과 같은 조사출처나 기법에 따른다(표 2.1).

표 2.1 다양한 추출이론의 특성(장단점)

추출원리	장점	단점
주민등록	지역의 등록인구가 완벽하게 정리됨	대략 5%에서 10%의 누락
건물에서 성명과 집주소 (예 : Random-Route-기법)	거주인구는 이론적으로 완벽히 접근 가능. 개인적인 접촉을 병행하면 효율적임(직접 설문과 서면서류의 직접 인도)	조사수행과 관련하여 대표성에 문제가 있을 수 있음(자주 외출하는 사람들은 거의 만날 수가 없음)
전화/주소록	간단히 활용 가능	불충분함 : 특히 전화부의 경우 지자체 별로 약 50% 정도가 유선전화를 갖고 있지 않음. 전화번호를 통하여 생성되는 RDD 기법 등은 이러한 단점을 감소
차량연방청(KBA) 차량등록(ZFZR)	차량과 차주에 대한 완벽하고 실제적인 정보(모집단에 대한 거의 완벽한 정보확보)	차주에 대한 사회인구적인 데이터 확보는 어려움. 데이터의 추출은 차량연방청을 통하여만 가능. 추출기법에 대한 선택은 가능
특수 데이터	데이터의 완벽성, 실제성과 확보성은 개별 데이터에 관련 있음	데이터의 완벽성, 실제성과 확보성은 개별 데이터에 관련 있음

- 인구등록통계
- 건물 명칭과 주소(예 : Random-Route-Method)
- 전화/주소록(Random Digital Dialing)
- 특별자료

인구자료는 통계청에 인구단위로 관리된다. 추출모집단은 가구가 아닌 해당 지역 내 등록된 인구이다. 인구자료의 실제화가 부실할 경우 오류가 중첩되어 우연오차가 크게 된다.

Random-Route-Method는 출입문(초인종) 인식을 통한 체계적이고 접근 가능한 주소(도로명, 가구번호, 명칭)가 정확하게 정의된 이후에 작동한다.

전화/주소록은 상대적으로 신속하고 단순한 주소를 산출할 수 있다. 그러나 주소 공개를 허용하였거나 반대하지 않은 인구들만을 대상으로 한다는 단점이 있다. 다른 인구들을 조사에 포함하기 위하여 여론조사기관들은 RDD기법(Random-Digital-Dialing)을 활용하여 유무선 전화번호(Dual-Frame)를 생성한다. 이 경우 정보보호 측면의 여건들이 아직 명확하게 정의되지 않았다.

특별자료들은 통계청이나 차량연방청(예를 들어 차량소유정보)으로부터 수집된다.

다양한 주소출처의 혼합은 표본이 다양한 출처 또는 모집단에 기초하기 때문에 일반적으로 이루어지지 않는다.

추출기법에 대한 상세한 설명은 해당 절에서 이루어진다.

2.2 추출기법

표본추출은 다양한 기법에 의한다. 다양한 우연수 선택에서 다단계 선택까지 다양하다. 특정 기법에 대한 결정은 모집단에 대한 정보와 소요 재원 측면을 고려한다. 대표적인 표본추출은 조사자료의 신뢰성 측면에서 우연수 기법만이 고려된다(표 2.2).

표본조사 계획의 기본적인 구성은 그림 2.2와 같다.

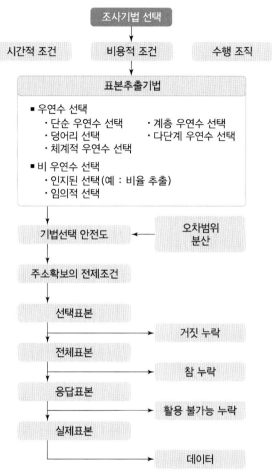

그림 2.2 표본조사 계획의 기본 구성

표 2.2 다양한 추출기법의 장단점

추출기법	장점	단점	적용분야
우연추출			
단순 우연추출	시공간적 제한된 조사에서 수행과 전수화가 간편	계층 우연추출에 비하여 높은 표본 오류 발생 가능. 시/공간적으로 넓게 분산된 경우 조사가 어려우며 비현실적(적절한 추출원칙 미확보)	조사, 측정, 도로 설문조사

(계속)

추출기법	장점	단점	적용분야
우연추출			
계층 우연추출	단순 추출에 비하여 표본 오류 감소, 동일한 표본크기에서 가장 높은 신뢰도 (계층에 있어서 최적 분포가 중요)	추출 기본정보 필요, 계층 특성 분포가 알려져야 함. 단순 우연추출에 비하여 표본계획이 복잡함	주민등록 기반 가구설문조사, 대중교통 승객조사, 운영기관조사
덩어리 추출	단순 추출기법에 비하여 단순하고 저비용	단순 우연추출에 비하여 표본오류가 큼	주민등록 기반 가구설문조사, 대중교통 승객조사
다단계 우연추출	공간적으로 확산된 조사에 적절	단순 우연추출에 비하여 표본오류가 큼	전국 조사
체계적 우연 추출	추출 기본정보가 조사 이전에 불필요	추출 체계가 왜곡을 초래해서는 안됨	지점 설문조사
비우연추출			
의식적 추출 (예 : Quote 추출)	일반적으로 저비용, 단순하며 신속	신뢰도에 대한 통계적 타당성 미확보. 대표성이 없으나, Quote 기준을 부여하면 임의적 추출에 비하여 왜곡 현상 낮음(표본은 모집단과 같은 동일한 특성을 가짐)	시장과 여론조사
임의적 추출	일반적으로 저비용, 단순하며 신속	신뢰도에 대한 통계적 타당성 미확보. 대표성이 없음. 왜곡이 클 수 있음	Exploration 분석

다음과 같은 표본량이 구분된다.

- 추출표본 : 주소선택 결과
- 허위 누락 : 이는 잘못된 또는 오래된 주소에 기인한다.
- 전체표본 : 허위 누락이 없는 추출표본을 의미하며 따라서 실제적으로 활용될 수 있는 조사개체를 의미한다.
- 응답표본 : 설문에 대하여 전부 또는 일부라도 응답한 조사개체를 의미한다. 참 누락(예를 들어 거부자, 비응답자)은 이에 포함되지 않는다(비응답자절 참고).
- 순수표본 : 조사목적에 부합되게 활용될 수 있는 응답만을 포함한다. 회수율은 전체표본에 대한 순수표본의 비율로 산출된다.

2.3 표본 규모

표본분석 계획에 있어서 표본규모에 대한 정의는 중요하다. 표본규모가 커질수록 비용이 많이 소요되며 적을수록 신뢰도에 문제가 있어 실제 예측 기능에 활용이 어렵게 된다.

표본규모의 결정은 다음과 같은 몇 가지 중요한 점들을 고려한다.

먼저 표본으로부터 무엇을 기대하는지를 정하여야 한다. 이는 특정한 지표에 대한 원하는 오차한계가 될 수도 있고 표본결과에 기초하여 내리게 되는 결정이 될 수도 있다. 이 경우 표본결과가 결정권자들의 예상이 다른 보조수단 없이 계량화될 수 없기에 결정권자들을 지원하게 된다.

○ 표본규모 n과 원하는 신뢰도 간 관계를 공식형태(수학적)로 도출한다. 공식은 무엇보다도 표본기법 형태에 좌우한다.

○ 공식은 변수로써 모집단의 특정한 미지의 크기를 포함하므로 결과값을 도출하기 위하여 사전에 추정한다.

○ 표본분석에 있어서 하나 이상의 지표가 측정되고 다양한 신뢰도가 규정되어 있다면(일반적인 경우임), 이들 상호 간에 조화가 필요하므로 다양한 표본규모가 필요하다.

○ 마지막으로 규모 n의 표본을 통하여 발생하는 비용을 추정하고 확보된 재원과 비교한다. 확보된 예산을 초과할 경우 예산 증액이 가능한지를 검토하고, 그렇지 못할 경우 표본규모를 축소하여 신뢰도가 낮아지는 것을 용인할 수 있을지를 검토한다.

조사자료 신뢰도에 대한 요구사항 측면에서 자료수준 기준은 통계적 기법연구에서 우연 표본오차로 의미되는 정확도에 기초한다. 특정 오차범위를 결정하면, 예를 들어 특정한 확률을 포함한 오차범위가 가능한 정도의 표본규모가 산출된다. 우연수 추출기법이 특별히 선호된다.

○ 주어진 오차한계에서 필요한 표본규모를 산출하기 위하여
○ 주어진 표본규모에서 표본오차를 산출하기 위해서

첨부 A에 표본규모를 산출하기 위한 예제가 제시되었다.

다음에는 정확도에 따른 어떤 요구사항들이 제시가 되어야 하는지, 즉 표본오차를 위하여 어떤 조건들이 적용되는지에 대한 설명이 제시된다. 자료의 정확도에 대하여 어떤 요구가

필요하고 표본조사의 전체적인 정확도의 훼손이 어느 수준이면 심각한지에 대한 검토가 이루어진다.

2.3.1 │ 표본오차 : 정확도 요구

필요한 정확도에 대한 고려사항의 시작은 표본자료로 확보되어야 할 결과 표와 그들의 활용계획이다. 개별 표나 표들에 대한 특정한 표준오차(추정치의 절대 또는 상대오차)가 주어졌다면 조사시행 이전에 필요한 표본규모의 크기가 산출되어야 한다.

주어진 오차한계에 따른 필요 최소표본규모는 다음과 같은 사항에 따라 결정된다.

- 적용되는 추출기법
- 추정하는 지표의 종류와
- 적용하는 전수화 기법

표본계획 내에서 최소표본규모를 산출하기 위해서는 표 칸의 점유빈도와 중요한 주요 분석지표에 대한 분산에 관한 산술적인 예측이 필요하다.

실제로도 정확도를 위한 측정지표의 결정은 종종 문제가 된다.

- 정확도에 대한 요구가 하나 또는 다수의 결과값을 기준으로 하는가?
- 어떤 정확도가 전체에 적용되는 지표에 대하여 그룹별 지표를 갖게 되는가?
- 다수의 정확도가 상호 간에 조화되지 않을 경우 어떤 방안을 강구하는가?

정확도 요구에 대한 측정은 대부분 어려운 것으로 판명된다. 통계적 지표의 필요 정확도에 대한 명확한 근거를 찾기가 힘든 경우가 많다. 중요한 것은 지표의 오류가 설정된 목적에 대한 잘못된 해답이나 잘못된 결정을 초래하는 것이다.

"바른" 정확도 요구는 구체적인 예제나 근거 있는 배경 내에서 구체화된다. 일반적으로 정확도는 상대표준오차 $\sqrt{([Var(y)])}/y$ 또는 추정치의 상대오차 $|y - Y| / Y$로 표현된다.

일반적으로 정확도는 높이 설정하는 추세에 있다. 원칙적으로 10%의 상대표준오차 값을 적용하는 것은 상상할 수 없다. 실제적으로 이러한 정확도는 큰 차이만이 중요성을 갖는 경우 작은 부분 값들이 산출될 때 충분하다.

예를 들어 전체교통수요중 대중교통 비율이 5%이며, 5%에서 6%로 변화, 즉(상대) 차이가 빈도에서 20%에 이를 경우 여기에는 상대표준 오차 10%이면 충분하다. 대중교통의 일 평균통행거리의 추정에 있어서 신뢰도 95%에서 절대오차가 0.5 km를 초과하지 않을 경우 일 평균통행거리가 10 km에서 최대상대오차는 5%에 해당한다. 1%의 최대상대오차는 여기에서 일 평균통행거리가 100 m로 추정되어야 함을 의미하며, 이는 일반적으로 높은 정확도로 간주될 수 있다.

동시에 1%의 최대상대오차에 대한 요구가 필요한 경우가 있을 수도 있다.

이때 중요한 방향을 정하기 위한 도구로써 micro census 정확도 기준이 활용된다. Micro census에 대한 "품질보고서"에는 표본으로 인한 오차 측면에서 상대 표본오차 $\sqrt{([Var(y)])} / y$ 가 표의 점유된 전수화 값으로부터 어떻게 근사치로 산출될 수 있는지에 대하여 설명한다. micro census에 있어서는 전수화 결과로 표출되는 것이 아니라 상대표준오차가 15% 이상의 임계 값을 초과할 경우 사선("/")에 의하여 대체된다.

이러한 정확도 기준은 예를 들어 사람의 일 평균통행거리를 추정하는 통행행태 조사에도 적용될 수 있다.

예를 들어 n명의 특정 부분집단(예를 들어 은퇴자)에 대하여 간단한 우연표본이 다음과 같이 산출되었다.

평균 25 km/일

표준편차 27.5 km/일

표준오차 27.5/$\sqrt{n}$ km/일

상대표준오차 27.5/(25$\sqrt{n}$)

일 통행거리 평균의 상대표준오차가 허용 최대값 15%(0.15)를 초과하지 않으므로 표본에 고려된 부분그룹은 최소 $n_0 = 54$명을 포함한다. 이 경우(54명) 95% 신뢰도에서(이에 해당하는 표준정규분포 Quantile : 1.96) 일 평균통행거리에 대한 다음과 같은 신뢰구간(Confidence interval)을 갖게 된다.

$$25 \pm 1.96 \cdot (27.5/\sqrt{54})$$

이는 개략적으로 25 ± 7.3 km 인·일이다.

17.7에서 32.3 km/일·인의 범위인 신뢰구간(Confidence interval)은 관련연구에서 제시된 그룹별 지표 값(25 km/일)과 큰 차이가 나는 범위로써 평균값에 대한 상당히 부정확한 결과를 초래한다는 것을 의미한다. 일 평균통행거리 지표에서 일반적으로 평균값과 표준오차가

동일한 크기이기 때문에 평균값에 대한 추정치는 표본에 포함된 조사집단이 최소한 50명일 경우 공인된다고 가정할 수 있다.

2.3.2 시스템적 오류 : 신뢰도 요구사항

조사의 전체적인 신뢰도는 정확성 이외에도 조사기법의 "사실성"에 좌우한다. 사실성은 (추정치의 기대치) m과 (추정 지표의 실제 값) Y의 중첩도의 정도를 나타낸다. 조사의 정확도와 이와 관련된 전체적인 신뢰도는 $B = m - Y$의 차이가 적을수록 커진다.

표본오차가 피할 수 없는 표본조사의 일반적인 특성인 반면에 시스템적 오류는 조사기법 오류, 모집단 경계, 용어정의나 자료분석에 대한 목적설정의 오류에 의하여 발생한다. 표본오차에 비하여 시스템적 오차는 일반적으로 하나의 특성이 자주 발생하거나 전혀 발생하지 않는 것과는 관련이 없다. 우연적인 표본오차와는 달리 시스템적인 오차는 조사범위가 확대될수록 이에 비례하여 증가하지는 않는다. 시스템적 오류에 대한 정확한 정량적인 예측은 일반적으로 특별한 검사연구나 사후 분석에 의하여 가능하다. 대부분의 장애가 되는 시스템적 오류는 종류나 방향과 크기가 알려져 있지 않다. 특별한 경우에 표본오차와 시스템적 오류는 그들이 얼마나 유연하게 상호 간에 작용하는지에 따라 서로 상승작용을 일으키거나 줄어들게 된다. 큰 오차는 작거나 유사하며 시스템적으로 우연한 성격을 갖는 작은 오차들을 판별하기 어렵게 한다.

다수의 시스템적 오류는 통계모델에 의하여 공식화된다. 이는 non-response의 사례로 설명된다(2.4 참조).

신뢰도에 대한 요구는 원칙적으로 편차에 대한 최대 허용값으로 공식화된다. 표본오차와는 달리 시스템적 오차는 조사절차 초기단계부터 허용 가능한 편차를 결정하는 것이 가능하다. 따라서 어느 정도의 편차가 시스템적 오류에 의하여 전체적인 예측의 신뢰도를 저하하지 않는 범위 내에서 허용 가능한지에 대한 검토가 필요하다.

$B = m - Y$의 편차가 "중대한"것인지 또는 "더 이상 허용될 수 없는지"는 표준오차에 대한 B의 크기, 즉 추정치 y의 표준편차 $\sigma = \sqrt{Var(y)}$와 관련 있다. 정규분포를 갖는 추정치 y가 추정지표 Y의 보다 크거나 작을 경우 "불충분한" 신뢰도 또는 "중대한 전체오류"를 의미한다.

표 2.3 "허용오차"에 대한 확률

B/σ	$P(F)$	B/σ	$P(F)$
0	0,0500	0,60	0,0921
0,10	0,0511	0,80	0,1259
0,20	0,0546	1,00	0,1700
0,40	0,0685	1,50	0,3231

시스템적 오류가 없을 경우 즉, $B = m = Y = 0$일 경우 y는 왜곡되지 않았다. 이 경우 추정치가 "중대한" 전체오류일 확률이 위에서 언급된 영역 외에 있을 확률이 5% 즉 0,05 이다. 이러한 오류확률은 자료가 시스템적 오류가 있을 경우 5% 이상이다.

관련연구에서 추정치의 전체 신뢰도에 대한 왜곡 B가 무시될 수 있는지에 대한 조건이 제시되었다. "중대오류"에 대한 확률 $P(F)$은, 즉 참값 Y의 과다− 또는 과소 추정이 1.96 $\cdot \sigma$, B/σ의 비율에 관계되며, 이때 B는 왜곡의 절대값으로 해석된다.

왜곡이 추정치의 표준오차($B/\sigma = 1.00$ 만큼 클 경우 표 2.3에 따른 "중대한 오류"에 대한 확률은 17%이다. 왜곡이 알려져 있지 않기 때문에 5% 확률의 "나쁜" 또는 "부정확한" 추정값을 갖는(비왜곡)된 추정값이 있다고 가정한다. 실제적으로 추정치는 17%의 확률을 갖는다.

예제 일 평균통행거리

$n = 2.225$명의 우연표본에 기초하여 일 평균통행거리를 추정한다. 조사된 통행행태 연구로부터 일 평균통행거리의 표준오차가 유효한 추정치로 $\sigma = 22.5$ km인 것으로 나타났다.

평균값의 표준오차는 앞의 표본규모에서 $\sigma / \sqrt{n} = 0.477$로 산출된다. 이 표본오차는 m에 대한 y의 분산이고 Y에 대한 것이 아니다.

시스템적인 제시 오류로 인하여(응답 오류) 응답자가 일 통행거리를 평균 $B = 0,477$ km 정도 높게 제시하였다면, 17% 확률을 갖는 표본규모 $n = 2.225$명에 대한 평균 일 통행거리에 대한 추정값은 참값에 대하여 $1.96 \cdot 0.477 = 0,935$ km만큼 편차가 발생한다[1].

통행조사시 설문자의 평균통행거리의 시스템적인 과대추정은 평균 0.5 km 정도는 항상 가능하다. 이전 조사 데이터로부터 일 통행거리의 평균값이 약 20 km 수준일 경우, 왜곡은 참값의 약 2.5% 정도이다($0.5/20 = 0.025 = 2.5\%$). 이러한 영향이 처음에는 거의 무의미하게

---

[1] 참값의 과대추정 확률 0.935 km 이상은 16.85%이며, 해당되는 과소추정 확율은 0,15%이다.

생각되나 전수화의 전체적인 정확도에 대한 왜곡은 상당한 수준으로 발생할 수 있다.

추정의 전체 정확도에 대한 왜곡의 영향은 왜곡의 절대값 B가 추정값의 표준편차 σ의 1/10을 넘지 않을 경우 무시할 수 있다.

$$B/\sigma < 0.1$$

그러나 $B/\sigma = 0.4$일 경우에도 오류 확률 $P(F)$의 부정확성은 상대적으로 작다. 왜곡이 최대한 우연적인 선택으로부터 발생하는 추정값의 표본오차의 절반 정도일 때까지 왜곡은 중요하지 않다는 점을 인식해도 된다.

추정절차에서 기인한 왜곡은(상관 추정) 표본규모가 충분히 선택된다면 $B/\sigma < 0.1$을 만족하면 수학적으로 표현할 수 있다(비정형적 비왜곡 추정). 이에 반하여 시스템적인 오류로 초래되는(제시오류 또는 비응답) 왜곡 시 B/σ 비율이 충분히 작은 상한치를 초과하지 않는다는 것이 대부분 불가능하다.

2.4 비응답(Non-response) 문제

예를 들어 설문조사가 진행될 경우 모든 설문자가 응답을 하는 것은 아니다. 이를 표본조사이론에서는 "비응답(Non-response)"이라 한다.

다음과 같은 비응답 형태로 구분된다.

- "Unit-비응답"(표본에 접수된 조사단위가 전체적으로 누락)
- "Item-비응답"(표본에 접수된 조사단위가 특정 분석특성 측면에서만 누락)

비응답은 비응답자의 잠재적인 응답과 응답자의 실제적인 응답 간에 차이가 발생할 경우 문제가 된다(예를 들어 차량통행이 많은 응답자는 기입에 따른 불편함 때문에 응답을 하지 않으나, 반면에 차량통행이 적은 응답자는 무관심으로 인하여 답변을 안 함).

비응답을 줄이기 위해서 다양한 방법이 있다(예를 들어 조사 사전 안내, 설문조사 범위의 제한, 제계적 접촉과 추가적으로 기억을 상기시킴).

비응답 효과에 대한 구체적인 예측을 위하여 비응답자의 잠재적인 답변에 대한 정보가 필요하다.

비응답 왜곡 모델

모집단 N이 응답자 그룹 N_1과 비응답자 그룹 N_2의 2개의 부분 그룹으로 구분된다고 가정한다. 응답자 N_1과 비응답자 N_2에 대한 조사특성의 평균값으로써 μ_1과 μ_2로 나타낸다. 전체 평균값 μ는 다음의 공식으로 표현된다.

$$\mu = w_1 \mu_1 + w_2 \mu_2$$

이때, $wi = Ni/N \ i = 1,2$에 대하여.

전체 모집단 N 중에 n개의 표본을 추출할 경우 응답이 준비된 부분집합 N_1으로부터 활용 가능한 표본요소가 생성된다. 표본의 평균값 m_1에 대하여 적용된다. $E(m_1) = \mu_1$ 동시에 m_1은 μ에 대한 추정값으로 활용된다.

전체 평균 μ에 대한 추정값 m_1의 왜곡 B는 다음과 같이 표현된다.

$$B = E(m_1) - \mu = \mu_1 - \mu = \mu_1 - (w_1 \mu_1 + w_2 \mu2) = \mu_1(1 - w_1) - w_2 \mu_2$$

$1 - w_1 = w_2$이므로 왜곡 B에 대하여 다음과 같이 표현된다.

$$B = w_2(\mu_1 - \mu_2)$$

비응답에 의한 추정값의 왜곡은 다음과 같은 경우 더 커진다,

- 모집단의 비응답 단위 비율 w_2가 더 커질수록
- 응답 그룹과 비응답 그룹 간의 평균값 차이 $\mu_1 - \mu_2$가 더 커질수록

표본데이터가 μ_2에 대한 정보를 제공하지 않기 때문에 왜곡 B는 알려지지 않으나, 다른 출처로부터 μ_2 또는 $\mu_1 - \mu_2$의 개략적인 정량적 추정이 가능할 수도 있다.

예제

1장의 마지막 절에서 설정된 예측에 기반하여, 우연수 선택으로부터 초래된 추정치의 표준오차의 절반 수준일 경우 왜곡은 무시해도 된다는, 다음과 같이 어떤 조건에서 비응답이 더 이상 무시할 수 없는 왜곡을 발생시킬 수 있는지에 대하여 예제로 설명된다. 사례로 우연히 선택된 n명의 우연히 선택된 표본 일에 대한 통행행태에 대한 설문이 제시된다.

위에서 설명한 바와 같이 평균 일 통행거리와(μ) 같은 통행지표의 추정 시 비응답에 의한

왜곡 B가 다음과 같이 표현된다.

$$B = w_2|\mu_1 - \mu_2|$$

여기서 w_2는 모집단 내에서 비응답 비율이고 절대편차 $|\mu_1 - \mu_2|$는 모집단 내 응답과 비응답 사람들 간의 행태 차이이다.

왜곡은

$$B \leq 0.5 \cdot (\sigma/\sqrt{n})\text{일 경우,}$$

용인될 수 있으며, 이때 $\sigma/\sqrt{n}$가 일 통행거리의 표본 – 평균값의 표본오차이다(n은 응답자의 수이다). B를 $w_2|\mu_1 - \mu_2|$로 대체하면 다음과 같은 표현을 갖게 되며 $w_2|\mu_1 - \mu_2| \leq 0.5 \cdot (\sigma/\sqrt{n})$, 이로부터 $w_2 \leq 0.5 \cdot (\sigma/\sqrt{n})/(\mu_1 - \mu_2) = 0.5 \cdot \sigma[|\mu_1 - \mu_2|\sqrt{n}]$가 도출된다.

$n = 5.000$명의 설문결과를 갖고 일 통행거리의 분산이 $\sigma = 25\,\text{km/}$일 경우, 다음과 같이 산출된다.

$$w_2 \leq 0.5 \cdot 25//[|\mu_1 - \mu_2|\sqrt{5.000}]$$

또는 $w_2 \leq 12.5//[70.71|\mu_1 - \mu_2|]$

비응답자의 평균 일 통행거리가 응답자의 평균통행거리에 비교하여 $1\,\text{km/}$일 차이가 난다면, 진정한 비응답 비율 w_2는 0.177까지 묵인된다(17.7%). 평균값 차이가 $2\,\text{km/}$일 경우 비응답자 비율은 최대한 0.088(8.8%) 까지는 감수될 수 있다. 따라서 평균 일 통행거리에 대한 추정값의 전체 정확성은 응답자와 비응답자 간의 행태차이의 정도에 따라 비응답 비율이 대략 10 또는 20% 수준에서 민감하게 영향을 미치게 된다.

만일 모집단의 50%가 비응답자일 경우($w_2 = 0.5$), 제시된 예제에서($n = 5.000$; $\sigma = 25\,\text{km/}$일) 왜곡은 두 평균값의 편차 $|\mu_1 - \mu_2|$가 $0.35\,\text{km/}$일 미만일 경우 무시할 수 있다. 이 조건이 만족하는지 여부는 일반적으로 특별한 비응답 연구를 통하여 명확해질 수 있다.

2.5 가중치와 전수화

표본조사는 조사된 자료가 모집단의 특성을 잘 반영하여야 한다는 목적을 갖고 수행된다.

단순한 우연표본조사에서는 모든 표본대상 요소들은 표본으로 선정됨에 있어 동일한 확률을 갖는다. 이는 예를 들어 평균값으로 표현될 수 있는 기대치가 높은 추정값들이 표본조사 크기가 상당한 정도로 실제 값에 영향을 미치게 됨을 의미한다. 표본선택 원리에 따라 표본요소들이 선정될 수 있는 다양한 확률이 발생하게 된다. 예를 들어 주민등록번호가 모집단이 될 경우 4인 가구는 1인 가구보다 4배 더 높게 표본으로 선정될 수 있다.

우연표본을 선정하기 위한 보다 복잡한 기법(계층 선별, 단계별 선별) 등은 2.2에서 이미 설명되었다(그림 2.1). 이 경우들은 정확도 평가를 위한 계산이 매우 복잡하다.

몇몇 경우에 있어서는 우연표본 산정이 이루어지지 않고(비용 측면에서), 예를 들어 Quote Plan 등의 다른 기법이 적용되기도 한다. 모집단의 특징적인 것으로 인정될 수 있는 (예를 들어 연령, 성별, 교육수준) 특성에 기초하여 얼마나 자주 이러한 특성들이 표본에 포함되어야 할지를 기준으로 한 표본조사 선정이 진행된다. 이러한 기준을 통하여는 모집단의 모든 요소들이 표본에 반영될 확률이 동일하지 않다. 이는 표본조사를 모집단으로 단순히 전수화할 수 없다는 것을 의미하며 그렇지 않을 경우 왜곡된 결과를 초래할 수 있다.

이른바 가중치를 고려한 전수화가 필요하다. 여기에는 가능한 왜곡을 줄이고 정확한 전수화가 가능하도록 가중치 – 변수 자료가 필요하다.

가중치 변수에는 크게 두 가지 종류가 있다.

- 전환(Transformation) : 가중치는 표본조사계획 중 개별요소 선택확률의 역수로 선택한다(Horvitz-Thompson-Method 참조). 앞에서 제시된 가구 단위 분석에서 4인 가구에 대하여 0.25의 가중치를 고려한다.
- 수정(Redressment) : 가중치는 외부의 빈도분포를 통하여 결정된다. 여기에는 가중을 위한 모집단내에서 신뢰성 있는 변수들을 반영할 수 있는 표본집단 대상을 선정한다(예를 들어 인구 연령구조). 모집단 원천으로써 예를 들어 통계청 자료가 적절하다.

현실에 있어서 표본 기준은 완벽하게 만족될 수 없다. 이는 비응답(2.4)과 비용 또는 조사기관이 수행할 수 없는 특정 그룹에 대한 면접조사의 불가능 등의 원인에 기인한다.

이는 "전환(Transformation)"에 의한 가중치에 있어서 이들이 표본조사 계획의 완벽한 구현을 기본으로 하고 있고 이러한 "오류가 포함된" 표본은 보다 심각한 추정치 오류를 초래할 수 있다는 측면에서 큰 문제가 발생할 수 있다.

"수정"을 활용한 가중에 대하여 기존 연구자료에 따르면 특정 변수를 외부 주변분포(marginal distribution)로 보정하는 것이 자료의 질을 개선한다고 조사기관에서 자주 주장되지만 명확한 예측이 불가능하다.

　　모집단에 대한 사전정보(이른바 "a priori"-Information)가 있을 경우(예를 들어 인구센서스 조사와 같은 이전에 수행된 전수조사) 이를 표본조사의 전수화 과정에 활용할 수 있다. 이러한 연계된 전수화는 2단계의 우연수 선택으로 구성되고 조사되는 특성과 관계있는 다른 특성이 알려져 있거나 또는 쉽게 조사가 가능할 경우 적당하다. 자유스러운 전수화에 대하여 추가정보가 확보되지 않았거나 외부적 보조변수가 사용되지 않을 경우에도 동일하게 적용할 수 있다.

　　모든 조사에는 정보보호가 중요하며 조사 실시 이전에 정보보호 담당자와 협의를 하여야 한다(9장 "교통조사 정보보호" 참조). 특히 감독권한과 정보보류 등은 적정한 정보보호 개념에 의하여 정해져야 한다.

계 측

Department of Civil Eng. Major: **Traffic Engineering**

계측은 계획공간 내 교통망 상의 사람이나 차량의 이동을 정량적으로 파악한다. 계측은 교차로나 구간의 교통량과 교통흐름의 시공간적 분포에 대한 특성을 파악한다. 기종점 통행, 통행목적과 운전자와 보행자 등의 구성에 대해서는 알 수가 없다.

원칙적으로 다음과 같이 구분된다.

- 보행자와 자전거 계측(녹색교통)
- 대중교통의 승객 조사
- 차량 조사
- 주차 차량 조사

3.1 활용분야

3.1.1 　녹색교통 계측

녹색교통 조사는 보행자와 자전거 교통을 의미한다.

보행교통 조사는 횡단면이나 연속된 횡단면 상에서의 보행자의 순수한 양을 계측한다. 자전거 교통 조사는 이외에 개별 횡단면이나 자전거 교통흐름에 대한 교통량을 측정한다.

보행자와 자전거 교통에 대한 계측자료는 다음을 위한 적절한 기본정보를 제공한다.

- 보행과 자전거교통 시설의 계획과 규모 산정
- 자전거도로망과 보행교통망의 구축
- 도심지 재개발 판단
- 계획된 시설의 수요분석과 우선순위 결정
- 신호체계의 검증과 개선
- 교통사고분석
- 자전거와 보행자 교통시설 개선대안 효과분석

보행자는 물론 자전거교통은 폭 넓은 행태 유연성과 기상에 따른 영향 등으로 차량교통과 구분된다. 보행자와 자전거는 우회에 특히 민감하여 도로교통 규정을 위반할 수도 있으므로 이들 시설의 설계 시 주의하여야 한다.

3.1.2 대중교통 승객 계측

대중교통 승객조사를 통하여 정류장, 구간 또는 차량 내 승객의 수나 시간적인 분포를 산출한다.

대중교통의 조사자료는 다음과 같은 기본정보를 제공한다.

- 교통공급 계획
- 운임소득 분배
- 대중교통과 교통계획
- 교통수요 모형구축

순수한 계측으로는 얻을 수 없는 다음과 같은 정보들을 구하기 위하여 설문조사를 병행하여 실시할 수 있다.

- 활용되는 운전면허
- 통행의 기종점
- 승객의 일 평균 통행거리와 환승 빈도

3.1.3 승용차 계측

차량 계측은(개인승용차와 화물차량) 횡단면, 교차로와 교통망(Screen line 또는 Cordon line) 상에서 실시된다. 교통량, 차종 구성과 분포 등을 산출하며 다음과 같은 내용에 대한 정보를 제공한다.

- 도로교통시설의 교통기술적과 건설적인 설계, 예를 들어 횡단면 설계, 교차로의 차로 수 결정, 용량분석, 도로포장 규격 결정(RStO)
- 승용차의 비용과 경제적 분석, 예를 들어 비용 – 편익분석, 대안비교, 효과관리
- 프로젝트의 우선순위 결정, 예를 들어 도로와 교량의 유지관리

- 소규모 교통분석, 예를 들어 단지에 대한 교통정온화 도입
- 상업시설의 입지 분석, 예를 들어 주유소와 수퍼마켓 등
- 환경피해 분석과 감소방안 계획, 예를 들어 능동적 또는 수동적 소음대책
- 교차로와 도로구간에서의 안전기술적 분석, 예를 들어 교통사고 기준지표
- 도로망의 운영, 예를 들어 교통관제, 신호제어, 병목구간 교통처리대책 등
- 교통추세 분석(시계열 분석)
- 교통모형의 정산

이러한 과제들에 대해서는 차종 분류에 따른 교통량 파악이면 충분하다. 재차인원을 고려한 환산과 녹색교통(자전거, 보행자, 대중교통), 그리고 수단분담율의 비교에 있어서는 동시간대 차량 내 재차 인원에 대한 파악이 가능하다(점유율).

3.1.4 주차차량 계측

주차차량에 대한 계측은 계획공간 내 실현될 수 있는 주차수요에 대한 시공간적 분포에 대한 내용을 파악한다. 이는 다음과 같은 내용에 대한 기초사항을 파악한다.

- 기존 주차장의 포화도와 점유빈도 산출
- 신규 주차건물 또는 주차시설에 대한 입지분석
- 주차시설 한계의 목적성 평가와 주차시설의 운영
- 주차위반의 종류와 규모에 대한 파악
- 주차시설 공급 변화에 따른 영향 분석

원칙적으로 주차교통은 주차장 또는 항공사진을 통하여 수집된다. 수집된 자료는 주차장의 시공간적 이용 현황을 파악하게 된다. 하역과 배송 목적의 화물차량과 주륜된 자전거 역시 이 조사의 주차교통의 일부로 포함된다.

주차차량교통에 있어서 계측과 더불어 설문조사를 병행할 수 있다. 이러한 방법으로 주차 이전 통행과 이후 통행에 대한 내용을 파악할 수 있다.

주차공간의 적정성은 다양한 이용자 그룹과 관련된 수요와 관련 있다. 이용자로서 거주자, 고용인, 고객, 방문객, 배송과 서비스그룹으로 구분된다. 이용구조에 대한 정보는 설문을 통하여 습득한다.

설문조사 없이 주차과정에 대한 순수한 차량동선을 넘어서는 예로는 차종, 등록지, 주차 시간과 주차허용 형태 등의 추가적인 정보가 수집될 수 있다.

3.2 기본적인 절차

계측 조사단계에서 이미 공간 단위를 충분히 세분화하여야 한다. 분류 크기로써 다음과 같은 기준이 설정될 수 있다.

- 교통망 분석에서 교통지구(Traffic zone) 또는 정류장
- 교통 정온화 분석 시 건축 블록 또는 교통지구
- 주차공간 분석에서의 대지 또는 건축물

계측시간은 원칙적으로 조사목적에 따라 선택적으로 결정된다.

다음에는 다양한 계측에 대하여 계측 가능 시간들이 정리되었다. 일반적으로 조사시간은 "연중" 월로(3월에서 10월), 특별한 행사가 없는(휴가, 휴일) 주중으로 선택된다. 월요일에서 목요일까지가 서로 유사한 특성을 갖는 것으로 나타났다.

제시된 시간과 요일의 변경은 특별한 경우(연휴의 보행교통량) 또는 지역적인 특성(도심 또는 외곽)에 따라 가능하다.

연평균 일 교통량에 대한 조사가 필요할 경우가 있다. 일 평균교통량 DTV(월~금) 또는 주중 일 평균 교통량 DTV_{w5}("평균 주"의 월~금, 즉 연휴 기간을 제외한)로써, 조사기간의 선택에 있어서 중요한 사항은 적절한 전수화 기법에 따른 목표하는 예측 정확도에 대하여 조사의 전수화를 위한 가능성을 확보하는 것이다(조사에 대한 전수화는 3.7.2.3 참고). 조사 기법에 따라서 "평균 일"뿐만이 아니라 금요일이나 일요일에도 조사가 시행된다. 전수화 기법에 대한 특별한 사례나 이에 따르는 조사시간은 "도로교통 설계지침(HBS : Handbuch füer die Bemessung der Strassenverkehrsanlagen)"을 참고로 한다. 원칙적으로 DTV나 DTV_{w5}에 대한 신뢰할 만한 예측을 위하여는 반일로는 충분치 않다는 점을 고려한다.

조사 이전에 관련 기관과의 협의가 필요하고 특별한 경우 허가 능이 필요하다.

조사결과의 품질확보를 위하여 다음과 같은 사항들이 필요하다.

○ 수동 조사의 경우 조사인력의 신중한 선발과 자세한 교육이 필요함
○ 자동 조사의 경우 조사장비의 철저한 검증이 필요함

효율적인 조사 수준을 확보하기 위해 조사인력과 조사장비에 대한 정기적인 점검이 필요하다.

조사자료의 추후 정리와 분석을 위하여 조사 중 장소와 조사시간은 물론 조사 시간 주기와 특별한 경우(보행자와 자전거교통 조사의 경우 기상상황)에 대한 사항을 명기한다.

표 3.1 다양한 계측에 대한 적절한 조사시간 개요

보 행		
조사 월(조사기간)	하기(3월에서 10월), 휴가기간 제외	
조사 일	월요일에서 목요일(평상 주)	
조사시간(수집기간)	일반적	06 : 00～19 : 00 시
첨두시간 도심지역 교통량 산출	짧은 조사 시간 시 (예 : 오전과 오후 첨두시간 국한)	오전과 오후 첨두시간, 추가적으로 12시～14시(일상적 통행이 발생하는 교육기관과 쇼핑센터)
	주중 평일 (화, 수, 목)	12 : 00～14 : 00 시와 16 : 00～18 : 00 시
토지이용 유사지역 (예 : 사무밀집지역)	주중 평일 (화, 수, 목)	07 : 00～09 : 00 시와 12 : 00～14 : 00 시
도심지 구매 통행	일상적 토요일	10 : 00～20 : 00 시
	쇼핑 일요일	개점시간과 전후 1시간 씩
조사 주기	일반적으로 5～15분	
자전거		
조사 월(조사기간)	하기(3월에서 10월), 휴가기간 제외	
조사 일	월요일에서 목요일(평상 주)	
조사시간(수집기간)	일반적	06 : 00～19 : 00 시
	짧은 조사 시간 시 (예 : 오전과 오후 첨두시간 국한)	오전과 오후 첨두시간, 추가적으로 12시～14시(일상적 통행이 발생하는 교육기관과 쇼핑센터)
조사 주기	5, 15, 30 또는 60분	
주 차		
조사 월(조사기간)	하기(3월에서 10월), 휴가기간 제외	
조사 일	월요일에서 목요일(평상 주)과 필요할 경우 금, 토, 일요일	

(계속)

주 차		
조사시간(수집기간) 입지에 따른 구분	일반적 06 : 00~20 : 00 도시구조, 도로연접개발과 개점시간과 관련	
	대중교통 정류장에서의 B+R 시설, 학교와 대학교, 사무실	오전과 추가적으로 점심시간
	쇼핑지역	오후시간
	대중교통 정류장에서의 B+R 시설, 야간시간 주거지역	
조사 주기	5, 15, 30 또는 60분	
대중교통		
조사 월(조사기간)	하기(3월에서 10월), 휴가기간 제외	
첨두시간 교통량 결정	11월에서 1월(성탄절 연휴가 최적)	
조사 일	월요일에서 일요일(평상 주), 주중 교통량이 충분할 경우, 월요일에서 목요일(평상 주)	
조사시간(수집기간)	일반적 전체 운영시간	
	첨두교통 수집	06 : 00~10 : 00 시 12 : 00~14 : 00 시 와 15 : 00~19 : 00 시
조사 주기	5, 15, 30 또는 60분	
차량-교통		

조사 일과 조사 시간은 목적하는 예측이(일 평균교통량 또는 일 평균 주중 교통량) 적절한 전수화 계수 또는 분포도를 생성할 수 있도록 선택한다.

조사 월(조사기간)	하기(3월에서 10월), 휴가기간 제외	
조사 일	일반적으로 월요일에서 목요일(평상 주)과 필요할 경우 금과 일요일	
조사시간(수집기간) 일반적 도심부	일교통량 06 : 00~22 : 00(이중 최소 8시간/일)	
	첨두시간이 07 : 00시 이후인 도로	07 : 00~11 : 00 시 15 : 00~19 : 00 시 또는 07 : 00~10 : 00 시 12 : 00~14 : 00 시 15 : 00~18 : 00 시
	첨두시간이 07 : 00시 이전인 도로 대안	06 : 00~10 : 00 시 15 : 00~19 : 00 시 06 : 00~09 : 00 시 12 : 00~14 : 00 시 15 : 00~18 : 00 시
지방부	교통량 많은 주요 교통축	15 : 00~19 : 00 시

(계속)

대중교통		
지방부	주중 평일(화, 수, 목)	07 : 00~09 : 00 시와 15 : 00~18 : 00 시
	연휴 주중(화, 수)	15 : 00~18 : 00 시
	금요일	15 : 00~18 : 00 시
	일요일	16 : 00~19 : 00 시
조사 주기	• 수동 측정 시 15, 30 또는 60분 • 자동 측정과 짧은 주기일 경우 가능(개별 차량까지) • 자동차번호판 수집 시 분 단위 정확한 수집필요	
주 차		
조사 월(조사기간)	하기(3월에서 10월), 휴가기간 제외	
조사 일	월요일에서 목요일(평상 주)	
조사시간(수집기간)	일반적 06 : 00~20 : 00 시 도시구조, 도로연접 시설, 개점시간과 예를 들어 시간대별 주차이용요금 차등과 관련됨	
	주거지역	야간 시간대
	도심부/문화와 유흥시설 인근	저녁 시간대
조사 주기	5, 15, 30 또는 60분, 자동차번호 인식일 경우 가능한 한 분 단위 수집	

3.3 보행자와 자전거 교통조사

보행자와 자전거교통 조사를 위한 기법은 그림 3.1에서 볼 수 있듯이 구분된다.

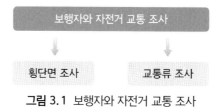

그림 3.1 보행자와 자전거 교통 조사

3.3.1 기법 특성

보행자와 자전거 교통의 통행조사에서는 이 두 교통수단의 흐름과 구조가 우연적인 표본 추출을 거의 허용하지 않아(예를 들어 산악자전거 이용자) 해당되는 그룹의 모든 교통참여 자가 조사된다.

보행자와 자전거통행발생은 통행목적에 따라 기상의 영향을 많이 받으며 이로 인해 계절 별, 요일별, 시간대별 편차를 나타낸다. 이는 분석목적에 연관하여 자전거교통 조사의 구성 시 고려된다. 조사시간과 조사기간은 3.2의 표 3.1을 참고한다.

예를 들어 여가 목적의 자전거교통 또는 관광목적의 자전거교통(예 : 휴양지 또는 광역적 의미를 갖는 자전거 경로 흐름)의 수집 등 특별한 분석 목적일 경우 이에 충실하게 요일, 조사시간과 조시기간을 결정한다. 자전거교통조사가 상호 비교될 경우 동일한 월(가능한 한 겨울을 제외)과 비교할 만한 기상인 날을 선택하다.

보행자 자전거교통이 차량 교통과 동시에 조사될 경우 조사시간은 차량–교통을 기준으 로 한다.

3.3.2 적합과 적용분야

보행자 자전거교통 조사는 보행자와 자전거교통망 내 교통량에 대한 개요와 정기적인 조 사시에는 시간적 추세를 확인할 수 있다. 조사는 주요 교통흐름의 위치를 파악하고 대책 수립 시 연계성, 규모설정과 우선순위 결정에 활용된다. 결과는 조사주기에 따라 일, 요일, 월 또는 연도별 분포도로 제시된다(특정 기간에 대한 보행자와 자전거교통 통행발생 흐름). 또한 V/C 계획 제시도 가능하다.

자전거교통에 대한 추가적인 지침은 "자전거 교통시설 가이드라인(ERA : Empfehlungen für Radverkehrsanlagen), 보행교통에 대해서는 "보행교통시설 가이드라인(EFA : Empfehlungen für Fußgängerverkehrsanlagen)"를 참고로 한다.

3.3.3 조직과 수행 지침

보행자 자전거교통의 횡단면 조사 시 일정 시간 동안 횡단면을 지나가는 사람들이 방향별로 조사된다. 추가적으로 이용된 통행로에 따라(차도 또는 자전거도로 등) 통행자를 구분한다.

교통량이 적을 경우 양식에 기입한다. 보행과 자전거교통 통행수요가 많을 경우 예를 들어 학교나 휴양시설 내에는 자동계수기와 노트북이 정보수집에 투입될 수 있다.

자동 수집시설의 경우 예를 들어 피에조 센서는 밟힌 수가 측정되어 무선으로 수집시설에 전송된다.

매우 밀도가 높은 보행교통 시 측정단면이 인공적인 장애물을 이용하여 다수의 구간으로 구분된다. 보행조사에 적절한 단면은 보행흐름이 객관적인 형태로 구분될 수 있는 계단 등이다. 조사지점과 가능한 조사용량은 사전조사를 통하여 테스트되어야 한다. 수동조사에 대한 대안으로써 비디오장비의 투입이 가능하다.

집단으로 발생하는 자전거 교통량은 특히 조사하기가 어렵다. 이 경우 조사 준비 시 정확한 결과를 도출하기 위하여 어떤 가능한 조사기법이 적절한지를 검증한다.

이러한 자전거 군은 적절한 시설(병목구간, 차단봉)을 통하여 해체될 수 있다. 분석 시 슬로우 모션을 통하여 조사가 용이할 수 있다.

교통흐름 조사 시 교차로와 접속부에서의 자전거는 차량조사 시 별도 교통수단으로 동시에 조사된다. 이러한 조사장소에서 정확한 데이터를 얻기 위하여 별도의 인력을 배치하는 것이 효율적이다. 원칙적으로 교통에 비동력 만으로 참여하는 통행자들을 고려할 수 있는 모든 가능성을 고려하여야 한다.

전략적으로 중요한 지역에서의 완벽한 보행자와 자전거 교통흐름의 수집을 위하여는 계측 이외에 설문도 필요하다.

3.3.4 오류원

모든 수동 조사와 같이 조사의 정확도는 투입된 조사인력에 좌우된다. 조사인력의 최소연령은 16세 정도로 하여 지식을 겸비한 활용 가능한 조사가 수행되도록 한다.

다음과 같은 오류들이 조사 시에 발생할 수 있다.

- 계측 오류(예 : 예측되지 못한 시인성 장애, 정체형성, 그룹 내 측정 오류, 주의력 결핍으로 보행자/자전거 계측 실패)
- 추정 오류(예 : 분류가 잘못 설정됨)
- 기입과 전달 오류(예 : 정확하게 수집된 데이터들이 잘못 기입 또는 잘못 전달됨)

먼저 기입 시 오류를 주의하여야 한다. 중요한 것은 특별한 경우에(예 : 자전거를 끌고 있는 보행자) 어떻게 대응하여야 하는지 명확한 정의를 갖고 조사 공간도 충분히 명확하게 결정되어야 한다.

자전거 교통 계측을 위한 자동 위치수집장비 투입 시 현장에서 장비점검이 이루어져야 한다. 수집단위의 선택된 위치를 통하여 개별 자전거들이 수집될 수 없는 경우가 발생할 수도 있다.

계측오류는 잘 준비하고 조사인력에 대한 최적화된 교육과 관리를 통하여 감소될 수 있다.

3.4 대중교통 승객계측(승객조사)

대중교통 승객조사를 통하여 노선별 또는 정류장별 승객 수를 산출할 수 있다. 일반적으로 모든 정류장에서의 승하차 인원을 조사인력이 차에 탑승하여 조사하게 된다. 대안으로 차량에 고정적으로 장착된, 자동 계측시스템을 활용할 수 있다. 경우에 따라 계측이 차량 내가 아니라 정류장과 역 또는 이들의 출입구에서 이루어질 수도 있다.

대중교통 승객 계측을 위한 다음에 설명된 기법들은 그림 3.2에 따라 구분된다.

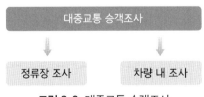

그림 3.2 대중교통 승객조사

3.4.1 기법의 특성과 지표

승객계측은 자체적인 조사나 또는 승객설문조사와 병행하여 수행될 수 있다. 후자의 경우 계측결과로 노선이나 정류장에 대한 설문결과로 전수화를 산출할 수 있다. 이를 위한 가정은 해당되는 노선운행이나 정류장에서의 해당되는 시간대에 계측자료가 완벽히 구비되어 있어야 한다.

조사인력은 수동계측기나 노트북으로 수집된 데이터를 양식지에 기입한다. 점차적으로 승객계측은 수동이 아니라 자동승객계측시스템으로 전환되고 있다. 자동 승객계측기에서는 다양한 기술원리에 따라(발판 감지, 광선 차단기, 적외선시스템) 차량 내 승하차 인원을 수집한다.

3.4.2 적용범위

승객계측으로부터 정류장, 횡단면, 노선과 구간 교통량이 지표로써 산출될 수 있다. 이들은 먼저 대중교통 서비스 제공을 위한 계획이나 설계목적으로 활용된다.

설문조사와 동시에 수행될 경우 계측결과는 모든 승객들에 대한 인터뷰가 이루어질 수 없을 경우 전수화를 위한 계수로 활용된다. 일반적으로 차량 내에서는 설문조사와 병행하는 경우가 많기 때문에 수동계측이 수행된다(조사인력이 정류장에서 승하차 인원을 계측하고 정류장 간 운행 시에 승객을 대상으로 인터뷰를 수행한다). 이에 반하여 자동승객계측기는 주로 지속되는 계측을 위하여 투입된다.

3.4.3 수행과 조직 지침

모든 노선에 대한 정해진 시간대에 이루어지는 전수 조사는 표본추출이나 전수화로부터 발생할 수 있는 오류를 배제한다. 그러나 설문과 병행되는 수동계측 전수조사는 비용 측면에서 고려되지 못한다. 조사비용의 감축을 위하여 일반적으로 제한된 전수조사 또는 표본조사가 이루어진다(부분조사).

기법 오류의 방지를 위하여 조사계획 시 조사규모, 계층과 단계 측면이 고려되어야 한다.

3.4.3.1 표본규모

부분조사는 전수조사에 비하여 노력과 비용을 감소시키게 된다. 부분조사는 운행계획이 설정되어 있고(배차간격, 30분) 개별 노선의 경우 운행경로가 적을 경우에 가능하다. 이 경우 시간적으로 조밀하게 도착하는 차량들이 유사한 수요를 나타낸다고 볼 수 있으며, 따라서 조사 시에 몇 개의 운행에 대한 조사는 제외될 수 있다. 이외에 부분조사 시 결과의 정확도가 충분한지를 검증할 필요가 있다. 도시교통 내 많은 대중교통 현안에 있어서 모든 노선과 방향과 시간간격에 대하여 25~50% 정도의 표본이면 충분하다. 부분조사 시 모든 계층에 대하여 노선운행에 대한 표본규모가 결정되어야 한다. 노선운행의 계층화는 노선, 방향, 시간간격에 따라 구성된다. 매 노선, 방향과 시간간격에 대하여 최소한 하나의 운행이 조사되어야 한다. 신뢰도 계산을 위하여는 매 계층에 대하여 최소 2회 운행이 선택되어야 한다.

3.4.3.2 계층화

동질성 기준에 따른 계층구성을 위하여 대중교통 승객 조사 시 다음과 같은 계층 특성들을 고려한다.

- 계절
- 주간 특성
- 하루 시간대
- 노선과 운행방향
- 정류장

계측시간과 계측지속 시간은 3.2절의 표 3.1을 사용토록 한다. 정확도의 향상은 기상과 휴가기간을 총 4개의 수집시기로 고려하는 계절별 표본분포를 통하여 이루어진다. 이러한 절차는 예를 들어 심각한 장애비율의 산출을 위한 조사가 이루어져야 할 경우 불가피하다 (비교 : 해당 연방 주의 지침).

요일별 계층은 주간 교통수요의 분포를 대표적으로 묘사할 수 있게 한다. 도시부 대중교통과 지역 간 버스교통에 있어서 요일형태 월~금(주중 일)과 토요일과 일요일이 적절하다. 철도의 지역과 장거리 교통에서는 주중에서도 추가적인 계층 분류 예를 들어 월/금과 화/수/목 등을 검증토록 한다.

부분조사가 이루어질 경우 주중 일 형태에 따라 시간계층이 정의되어 하루 동안의 수요

분포와 다양한 수요구조를 묘사한다. 시간적인 계층화 이외에 공간적인 계층화도 필요하다. 이는 노선과 방향을 의미한다. 추가적으로 승객의 일부만이 설문될 수 있고 정류장 별 승객의 수요와 구성이 다양하기 때문에 정류장별 계층화도 필요하다.

3.4.3.3 단계

조직적인 원인과 조사비용의 감소를 위하여 부분조사는 일반적으로 다단계 기법으로 수행된다. 승객계측은 최소 1단계, 승객설문은 최소 2단계이다.

3단계 복합적인 승객계측과 설문은 그림 3.3에 제시되었다.

1단계에서는 노선, 방향과 시간대별 운행 수가 선택된다. 2단계에서는 차량단위 내 선택된 운행에서 하나 또는 다수의 좌석그룹이 수집된다. 선택된 좌석그룹 내 설문을 위한 승객들의 선택은 승객조사의 3단계에 해당된다.

만일 투입되는 조사인력이 전체 차량을 대상으로 조사할 수 있을 정도로 충분하지 않을 경우 좌석그룹의 선택은 지하철, 도시철도와 노면전차나 철도교통에서 필요하다.

"좌석그룹"으로 차량 단위의 공간적 구분 뿐만이 아니라(차량 2등분, 차량 4등분) 승하차 승객 계측 시 출입구의 선택도 포함된다. 궤도차량의 승객 계측 시

- 노면전차, 도시철도, 지하철에서 주로 선택된 출입구에서의 승/하차 계측
- 도시철도와 지역간 철도의 좌석그룹 내 승 또는 하차인원과 점유율 계측에 활용

좌석그룹들이 최소한 차량의 반 크기로 결정하는 것이 바람직하다. 비첨두시에는 좌석그룹이 차량 전체로 확대될 수 있다. 좌석그룹의 크기가 줄어들수록 좌석그룹 간 조사지표의 분산 값이 커질 수 있으므로, 작은 좌석그룹은 가급적 피하여야 한다. 즉 차량별 매우 작은 좌석그룹의 선택 시 표본오차가 커질 수 있다. 버스의 승객 계측 시 좌석그룹 선택은 의미

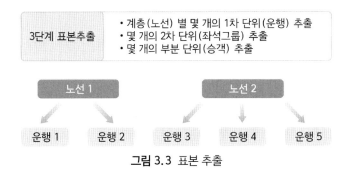

그림 3.3 표본 추출

가 없으며 예외적으로만 투입되어야 한다.

시스템적인 왜곡을 방지하기 위하여 조사단위의 선택 단계별로 우연수 원리가 보장되어야 한다. 1단계(노선운행 선택)에서는 분석 시간대 내의 교통량이 아주 많거나 아주 적은 대표성을 갖지 않는 운행은 배제된다. 좌석그룹 선택 시(2단계) 좌석그룹의 가장 높은 점유는 일반적으로 연결통로 옆에서 발생하고 동일한 좌석그룹 선택은 개별 정류장에서의 수요 시 표본 왜곡을 유발할 수 있기 때문에 우연수 선택이 필요하다. 우연수 원리에 따른 좌석그룹의 선택은 개별 차량(노면철도의 전동칸/승객전용 칸)내에서의 다양한 점유 상황 또는 출입문의 다양한 폭원 시 다양한 승하차 인원에 따른 시스템 적 오류를 방지한다. 좌석그룹의 전체 계측이 어려울 경우 좌석그룹 내 설문 대상 승객을 우연수 기법으로 추출한다(3단계).

3.4.4 　오류원

3.4.4.1 수동 승객계측

모든 수집기법과 같이 조사인력의 선택과 교육이 조사결과의 품질에 큰 영향을 미친다. 따라서 6.2.3에서 언급된 조사인력의 채용과 교육 시 품질안전을 위한 대책들에 유의한다. 대규모의 승객에 대하여 매우 적은 조사인력이 투입될 경우 승하차 인원 수집 시 오류가 발생할 수 있다. 차량 내 조사 시 모든 출입구에 조사원을 투입한다. 필요한 수는 차량형태와 수요에 따라 산출된다. 승차하는 승객을 계측하고 운행 시 차량 내 점유율을 수집하여 조사인력이 동시에 또는 짧은 시간 내에 반대방향의 승객흐름을 수집하여야 하는 것을 피하도록 한다. 점유율의 수집을 위하여 차량 내 좌석영역이 명확하게 조사인력에게 배정되어야 한다. 승차인원과 점유객으로 매 정류장에서의 하차인원을 산출할 수 있다.

3.4.4.2 자동 승객계측시스템

자동 승객계측시스템의 주요 오류원은 기계 자체에 있거나 장비의 운영에 있다.

3.4.4.3 운영자 미숙에 의한 오류

o 자동계측시스템을 일찍 작동하여 청소나 정비인력을 승하차 인원으로 측정한 경우

- 조사 운행 시작 이전에 자동계측시스템을 작동하는 것을 잊거나 너무 늦게 작동 시킨 경우
- 운행계획일지에 계획된 운행을 위한 조사 차량의 잘못된 배정된 경우
- 지속된 측정운행으로 종점 도착 이전에 연결운행으로의 작동
- 하나의 정류장에서 다수 정지 시 적정 정류장으로의 승하차인원의 잘못된 배정

3.4.4.4 장비오류

- 센서 고장
- 차량컴퓨터의 연결 불량
- LBS(위치정보시스템) 기술의 오류를 통한 적정 정류장에 대한 승하차인원의 잘못된 배정
- "작은" 승객과 유모차 구분 시 오류
- 승객군 측정 오류
- 데이터 처리 오류
- 원시데이터의 타당성 검증 오류
- 결과 보정 시 오류

자동계측기로부터의 분석 계측 값은(타당성 검증 이후) 일반적으로 감시 계측으로부터의 수동 계측값보다 일반적으로 낮다.

3.5 차량 계측

차량계측은 공간적 방향 차원에서 시스템화될 수 있고 그림 3.4에 제시되었다.
모든 3개의 적용분야는 다양한 차량계측을 허용한다.

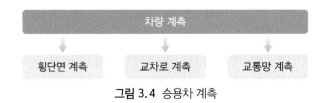

그림 3.4 승용차 계측

모든 차량의 일반적인 수집 이외에 일반적으로 차량들을 가급적 세분화하여 조사하고 추후 재분석 시 적절한 차량그룹으로 집계될 수 있도록 한다.

"구간 검지기 기술적 인도조건(Technischen Lieferbedingungen für Streckenstationen; TLS)"에 의하여 차량들은 이른바 기본분류로 그룹핑되어 있다. TLS가 동력차량만을 대상으로 하기 때문에 여기에는 자전거가 추가되었다.

기본분류로부터 필요에 따라 추가적인 차량그룹이 형성된다. 이에 따라 도로교통계측 범위 내에서 일반적으로 7개의 차종이 구분된다(7+1, 분류되지 않는 차량이 추가될 경우). TLS에는 이에 반하여 5+1 또는 8+1의 차종이 정의되었다. 장비에 따라 다른 차종이 구분될 수 있다. 표 3.3은 가능한 그리고 일반적인 차종구분을 제시한다. 기본구분에 기반하여 추가적인 구분원리 적용이 가능하다.

농업용 차량, 특수와 특별차량들은 건설형식에 따라 해당되는 그룹으로 배정된다.

분석에는(예 : 교통량 지도) 최소한 다음과 같은 내용이 제시된다.

- 모든 차량
- 중차량(버스와 화물차 > 3.5 t 허용 전체중량을 말하고 트레일러 포함/미포함 시의 두 가지 경우를 모두 포함)

차량형태를 구분하기 위하여 수동 계측 시 조사인력을 교육시키는 것이 필요하다. 이 교육은 실제 사례를 통하여 검증한다. 해당되는 중량구분을 갖는 관련되는 차량형태의 조합은 "차량 카탈로그"에서 확인할 수 있다. 이는 화물차 규모 분류를 완벽하게 정확히 할 수는 없으나 교육을 잘 받은 조사인력의 경우 충분히 양호한 결과를 도출할 수 있다. 이는 특히 화물차종에 적용되며 총 중량 3.5 t 이상의 구분을 위한 것이다. 총 중량 3.5 t까지의 화물차량 그룹에는 배송/운송차량이 포함된다. 이들은 대형화물차량에 비하여 외형상 폐쇄된 차량 샤시로 보인다. 즉 운전석과 후측 운송칸이 분리되지 않았다. 총 중량 3.5 t까지의 배송차량은 일반적으로 뒷 바퀴가 두쌍이 아니다. 이 두 개의 특성이 차량 인식 시 도움이 된다. 총 중량의 다양한 분류에 대한 명확한 판정은 목측만으로는 확실하지 않으며 차량등록증을 확인하는 것이 필요하다.

개인용 승용차와 사업용 차량 간의 명확한 구분은 특히 도심의 경우 화물들이 점차적으로 소형화물차 또는 승합차에 의하여 수송되거나 사업용임에도 불구하고(개인사업용 차량) 이에 상응하는 차량 번호판을 부착하지 않은 경우가 많기 때문에 횡단면 조사에서는 불가능하다. 개인과 사업용 차량 간의 구분은 차량의 뒷부분에 측면 유리창이 없을 경우 배송차량에 속한다고 볼 수 있다. 그러나 이도 명확하지 않다는 사실을 인지하여야 한다.

표 3.2 기본분류 내 차량구분(2002 TLS 기준)

기본구분	약 어	설 명	픽토그램
자전거	Fahrrad	자전거	
모터사이클	Krad	모터사이클, 자전거나 모파스는 아님	
승용차	Pkw	소형 승용차에서 Off-Road 차량을 포함한 대형 리무진	
화물차	Lfw	화물차 총 중량 < 3.5 t	
트레일러 있는 승용차	PkwA	트레일러 포함 승용차와 화물차 < 3.5 t	
트레일러 없는 화물차	Lkw	트레일러 없는 총 중량 화물차 > 3.5 t	
트레일러 있는 화물차	LkwA	트레일러 있는 화물차 총중량 > 3.5 t	
4축 화물차량	Sattel-Kfz	모든 4축 화물차	
버스	Bus	9인석 이상 승객수송을 위한 차량; 트레일러 있는 경우도	
미 분류 차량	nk Kfz	특정 지울 수 없거나 다른 분류에 속하지 않는 차량	

3.5.1 ｜ 횡단면 차량 계측

3.4.5.1 기법 특성

횡단면에서의 차량 계측은 이 기법에 의하여 수집되고 전수화된 일 평균 주중교통량(ADT, 월~일요일)과 기타 추가적인 지표들이 많은 지침(도로용량 편람)과 배기가스와 소음 산출의 기반이 되기 때문에 특히 중요하다. 대부분의 지자체에서 월~금요일을 대상으로 하는 ADTw5의 수집과 활용이 가능하다.

연 평균 교통량 산출을 위하여는 조사시간대의 선택과 적절한 전수화 기법이 중요하다. 조사시간대가 짧을수록 오류의 가능성은 커진다.

횡단면 계측에 있어서 적절한 수준의 시간단위 동안 도로단면을 통과하는 차량들을 수집하고 일반적으로 차종, 운행방향과 차로에 따라 구분된다.

계측에 있어서 하루 이상에 대한 예측이 필요할 경우 수동 계측은 비경제적일 수 있다. 적용되는 기술적 보조장치들은 도로형태와 조사시간과 관련된다(예 : 고속도로의 통행징수 시스템에 설치된 검지기와 루프검지기).

3.4.5.2 적용범위

횡단면 차량 계측은 횡단면과 방향별 기준 일 평균교통량과 일 평균 주중 교통량 또는 교통분포도와 같은 추가적인 지표들을 산출한다.

자동계측기 적용범위의 상세한 지침은 "도로교통의 데이터 단기간 자동 수집 가이드라인"에서 볼 수 있다.

3.4.5.3 수행과 조직 지침

측정시간 측면에서 측정장소가 도심인지 지방부인지를 구분한다. 1일 조사 시 일 그룹의 우연한 영향을 배제하기 위하여 가능한 한 하나의 일 그룹에 대하여 이틀을 조사하는 것을 추천한다. 그럼에도 불구하고 통계적인 불확실성이 발생한다. 하루 계측 시 일반적으로 최소 8시간을 조사하며 다양한 시간대로 구분할 수 있다. 정확한 계측시간과 계측기간은 3.2 절의 표 3.1을 활용한다.

해당 지자체에 고정계측기로부터 체계적이고 지속적인 계측값이 있을 경우 추천되는 계측시간은 자체 판단에 의해 조사일의 전수화가 확보될 경우 추천되는 일로부터 변경될 수 있다. 교통량이 많은 도로에서의 수동계측일 경우 개별 차로별로 조사인원을 투입한다.

표 3.3의 SVZ 2010의 지침에 따라 제시된 최소시간을 간략하게 적용할 수 있다.

교통량의 시간대별 변화는 조사를 위하여 선택된 수집주기가 짧을수록 더 정확하게 수집될 수 있다. 15, 30과 60분이 통용된다. 자동횡단계측 시에는 계측값들이 분 단위 또는 개별 차량데이터가 수집되기 때문에 이러한 제한이 적용되지 않는다.

표 3.3 조사인력 투입 지침

ADT[대/24시]	일방향	양방향
< 6500	조사인력 1인	방향별 조사인력 1인
6500 < 30000	조사인력 2인	
> 300000	차로당 조사인력 1인	

수동 횡단면 계측 시 차량의 기입은 양식에 수동계측기 또는 Hand-held computer를 통하여 수행된다. 수동 횡단계측은 대부분의 조사목적에 있어서 정당한 조사기법으로 평가 받는다. 자동계측기는 무엇보다도 다음과 같은 경우에 투입된다,

○ 교통량이 너무 많아서 수동 계측이 더 이상 불가능하거나
○ 장시간 계측시간이 필요하여 수동적인 계측이 비경제적일 경우

수동 계측 시 주기별 도로교통 조사에 활용되는 양식이 적절하다(별첨 참고). 필요할 경우 계측결과를 추후에 해독할 수 있도록 기상상황을 기록해 놓는 것이 필요하다.

2개 차종 구분을 갖는 양식 활용 시 한 명당 양 방향 400에서 500대/시의 교통량을 측정할 수 있다. 일 방향일 경우 800에서 1,000대/시까지 교통량을 측정할 수 있다. 수동계측기와 Hand-held computer일 경우 시간당 방향별로 2,500대까지 측정이 가능하다.

수동계측기와 Hand-held computer 사용 이전에 기능과 건전지상태를 점검하여야 한다.

데이터 확보와 분석을 위한 기록지 입력 시 타당성 검증을 수행하여 전송오류를 방지하여야 한다. 첫 번째 기준으로 최대 가능한 차로별 교통용량을 고려할 수 있다.

다수 일, 주 또는 고정 측정장소에 대한 자동 횡단면 계측은

○ 장기적인 교통변화 분석
○ 전수화 계수 도출
○ 교통흐름 제어를 위한 실시간 교통데이터의 산출

을 위하여 필요하다.

다양한 검지기와 적용범위에 대한 기술의 상세한 내용은 "단기적 도로교통 데이터 자동 수집 가이드라인"을 참고한다.

수동 조사에 비하여 자동계측기를 활용하면 야간시간대의 교통량도 측정되어 계수를 도출할 필요가 없다.

교통관리 목적을 위한 고정 측정장소에 대한 요구조건은 "교통제어시설을 위한 지점별 교통데이터 수집의 품질수준과 품질확보 지침"을 활용한다. 고정계측기의 설치와 운영에 대한 보완적인 요구조건은 TLS를 참조한다.

자동 횡단계측이 주로 고정적으로 설치된 일정기간과 장시간 이용에 활용되더라도 예를 들어 며칠이나 또는 몇 시간 등의 짧은 시간 동안에 투입이 가능한지 경제성을 검토할 수 있다(측면 레이더 장치). 자동 교통계측장비는 수집된 차량을 방향과 차로별 구분이 가능케 한다.

정기적으로 반복되는 계측 시 필요한 시설(루프 검지기와 전기공급)을 고정적으로 설치하고 수집장치만을 필요할 경우 연결하는 것이 유리할 수 있다. 이때 단순한 설치가 중요하다. 자동 교통계측장비는 최소 2개의 구성으로 이루어진다. 먼저 차량이나 차축을 수집하고 수집된 단위를 임펄스로 환산하기 위해 설치된 센서들이다.

계측과 등록장치는 생성된 임펄스를 계측하고 정기적인 수집주기 별 결과를 적절한 데이터 저장(Hard Disk, Memory Card) 장치 또는 전파(GPRS)를 통하여 정보를 중앙컴퓨터에 전송한다.

표 3.4는 어떤 교통기술적인 지표들이 어떤 자동 계측기를 활용하여 수집될 수 있는지를 나타낸다.

루프검지기를 활용한 측정 시 일반적으로 TLS에 따라 8+1 차종구분이 가능하다.

루프검지기에 기반한 계측 시스템 이외에 단기 측정을 위하여 차도 공사와 이로 인한 교통장애를 피하기 위하여 추가적인 검지기들이 활용 가능하다. 여기에는 차도 측면(또는 상부)에 고정된 측면레이더장치가 포함된다. 이러한 종류의 장치는 일반적으로 측정된 차량을 길이에 따라 구분하기 때문에 4~5 차종을 구분한다.

소음기술적인 조사를 위한 활용성은 제한된다. 예를 들어 소음수준 등의 추가적인 지표의 수집을 위하여 8+1의 차종 구분이 가능한 장치들이 활용 가능하다. 측면 레이더 장치는 양방향 교통량 측정에 적절하며, 이때 차종구성(중차량비율)과 교통패턴(분포도, 중방향계수) 등이 고려되어야 한다. 최적의 경우에 있어서 10,000대/일(횡단면) 이상 교통량을 넘지 않아야 한다. 약 2% 수준의 실제 교통량과의 오차를 허용할 경우 하나의 장비로 10,000에서 15,000대/일 수준의 교통량 측정이 가능하다. 이를 초과할 경우 옆 차로에 의해 가려지는 비율이 높아 차종 구분 시 오류가 대폭 증가할 수 있으므로 2개의 장비(방향별 1개)를 활용한다.

표준측면레이더장치 이외에 현재 일반적인 전주에 설치되는 장치가 시중에 나와 있다. 이를 통하여 간단한 설치가 가능하고 운전자들의 의식을 받지 않는 측정이 가능하다. 이 기법은 오랜 조사기간 동안 계측이 가능하여(예 : 1~2주, 계절 변화와 무관한 연중 측정 가능) 개선된 전수화 계수를 산출할 수 있다.

독일연방도로연구소는 검지기 테스트를 수행하고 검지기를 인증하여 독일연방도로 연구소로부터 검증되고 인증된 검지기를 활용토록 한다. 인증된 검지기 리스트는 연방도로연구소에 문의토록 한다.

표 3.4 교통기술적 지표의 자동 계측기별 수집

수집장치 / 지표	압력 검지기 - 단순	압력 검지기 - 이중	루프 검지기 - 단순	루프 검지기 - 이중	지자기 검지기	Light-Clearance	적외선 - 능동	적외선 - 수동	울트라
교통량	(×)	×	×	×	×	×	×	×	×
진행방향		×		×	×	×	×	×	×
정체/정지 확인			(×)	(×)	(×)	(×)	(×)		(×)
차종 구분									
• 길이			×	(×)	×	(×)	×	×	(×)
• 실루엣					×				
• 축 구성			×						
• 중량									
자전거 수집	(×)	×	(×)	×		×	(×)	×	×
보행자						×	×	×	
교통류, 통과교통									
• 교차로 교통량 (교차로)			×	×			×	×	
• 교차로 교통량 (회전교차로)			×	×			×	×	
• 구간/폐쇄선				(×)					

수집장치 / 지표	복합 검지기	레이더	레이저	비디오-객체인식	비디오-객체추적	비디오-번호판인식	측정 운행	Weigh-in-Motion
교통량	×	×	×	×	×	×		×
진행방향	×	×	×	×	×			×
정체/정지 확인	×		×	×	×	×	×	×
차종 구분								
• 길이	×	×			(×)			×
• 실루엣	(×)	×			(×)		×	×
• 축 구성								×
• 중량								
자전거 수집	(×)	×	×	×	×			×
보행자				(×)	(×)			
교통류, 통과교통								
• 교차로 교통량 (교차로)						×	×	
• 교차로 교통량 (회전교차로)						×	×	
• 구간/폐쇄선						×	×	

측면레이더검지기 이외에 자기검지기도 활용된다. 이들은 도로면에 바로 부착된다(보호매트와 함께). 이들의 설치는 해당되는 기관의 승인을 득하여야 한다. 계측 판의 설치와 제거 시에 짧은 시간 동안 해당 차로의 폐쇄가 불가피하다. 개별 도로부서에서는 이러한 형태의 계측 장비는 이륜차의 높은 사고율로 인하여 설치에 부정적 또는 거부하는 경우가 많다. 곡선부에서의 설치는 원칙적으로 금지된다. 직접적인 영향 반경 내의 금속으로 인하여(예 : 콘크리트 포장, 교량) 수집 신뢰성에 영향을 미치기 때문이다. 검지기는 예를 들어 고전압의 지중전선, 루프검지기 또는 철로 인근의 고압 송전로 등에서 생성된 외부 자기장에 반응할 수 있다. 매트의 설치에 있어서 충분한 간격을 고려하지 않을 경우 측정오류가 발생할 수 있다. 높은 수집 신뢰도 측면에서 검지기는 가능한 한 차량 중심부를 통과토록 하여 약 1 m의 영향반경을 고려하도록 한다. 이외에도 이를 통하여 인접한 차로의 차량이 검지되는 것을 방지하게 된다. 지자기 검지기는 차선변경이 빈번한 장소에 설치되어서는 안 된다. 교차로 정체영역 내에서의 설치도 낮은 속도로 차종 구분에 신뢰도가 낮아질 수 있으므로 문제가 된다. 교차로 내 적용 시 계측시스템은 정지선 후방(진행방향으로)에 설치하도록 한다. 이 시스템들에서 개별차량이 수집되고 저장되기 때문에 추후 집계가 가능하다. 이 계측시스템에서 차종구분은 수집된 길이에 기반하여 시스템적으로 정확하지 않으므로 이와 같이 산출된 배기산출을 위한 교통적인 원리들은 조건적으로 적절하다.

계측장비의 설치 이전에 설치오류나 비정확성을 방지하기 위하여 설치인력들은 적절한 교육을 받아야 한다. 그렇지 않을 경우 매우 심각한 시스템적 오류가 야기될 수 있다.

교통감응식 신호체계의 기 설치된 검지기로 시계열적 측정(일 분포도, 주 분포도, 연 분포도 또는 사전-사후 분석)이 가능하다. 이때 교통량이나 교통여건에 따라(정차 차량 또는 이탈 차량 등) 과다 측정이나 과소 측정이 계측될 수 있으므로 데이터 품질관리에 많은 주의를 기울여야 한다. 이는 교통신호 제어에는 부정적인 영향이 없으나 결과를 잘못 이해할 수 있다. 의문시 될 경우 수동 감독계측이 수행된다.

3.4.5.4 오류원

횡단 차량 수동 계측 시 조사결과는 조사인력의 작업품질에 큰 영향을 받는다. 따라서 조사인력이 충분히 교육을 받고 교통조사에 대한 경험을 확보하고 있는지를 주의한다. 조사기록지의 입력 시 기입과정의 오류를 방지하기 위하여 직절한 타당성 검증을 수행한다. 첫번째 검증 사항으로 차로당 최대 교통량을 고려할 수 있다. 수동계측에 있어서도 필요할 경우 기술적인 측면에서의 기능성 검증을 수행한다.

자동 계측기의 투입 이전에 "도로교통 데이터의 단기 자동수집 가이드라인"을 필히 참고한다. 적용 가능성과 범위에 대한 상세한 지침은 물론 가능한 수집 오류에 대해서도 설명이 되어 있다(예 : 잘못된 매트의 설치 또는 필요한 결과 검증 절차 등). 나아가 제작사는 주의가 필요한 정확한 설치지침과 점검목록을 제공한다.

자동 교통데이터수집의 데이터들은 타당성 검증이 필요하다. 가능한 수집오류는 아래 나열하였다.

- 데이터 누락
- 시간 지체
- 차종분석 오류

이른바 속도제시장치는 제작사나 운영자로부터 반복적으로 "교통조사에 적절"한 것으로 표현되고 있다. 이때 정확한 결과를 산출하기 위하여 특별한 설치 구성이 가정되어야 함을 유의한다. 제작사 지침을 정확히 준수한다. 객관적인 정확한 설치에도 불구하고 교통량이 많은 도로에서는 종종 과소한 교통량 계측이 계측된다.

3.5.2 │ 교차로 차량계측

3.5.2.1 기법 특성

시인성이 좋은 평면교차로의 일반적인 경우 모든 교차로 진입로별로 측정주기(일반적으로 15분)별 차종과 진행방향별로 구분되어 개별적으로 측정된다. 목적은 교통흐름과 교통량을 수집하는 것이다. 신호교차로나 우선통행 교차로 모두 진출차량을 측정한다. 시인성이 좋지 않은 입체 교차로나 조사인력의 배치가 어려운 교차로에서는 진입차량을 수집할 수 있다. 기입은 수동 횡단면 조사에서와 같이 양식, 수동계측기, 녹음기/MP3 플레이어 또는 Hand-held 컴퓨터를 활용한다.

3.5.2.2 적용범위

교차로에서 차량의 계측은 원칙적으로 모든 교차로형태에서 수행될 수 있어야 한다. 교차로 형태가 복잡할수록 조사인력 투입 비용이 증가한다. 이는 계측 조직, 수행과 분석에 있어서도 마찬가지이다.

복잡한 교차로에서(4지 이상 또는 회전교차로) 측정은 교통진행 방향별로 개별적인 횡단계측으로 동시에 측정하도록 한다. 추가적으로 교차로 차량흐름에 대한 정보가 수집되어야 할 경우 3.5.3에 따른 적절한 기법을 이용한다.

3.5.2.3 조직과 수행 지침

계측시간과 계측기간에 대해서는 3.2의 표 3.1의 가이드라인을 적용한다.

개별 교통흐름의 추정된 교통량에 따라 모든 진출구에서 한 명 또는 다수의 조사인력을 배치한다. 교통량이 많은 교통흐름의 경우 구분하여 수집하도록 한다. 교차로 진입로별로 4지 교차로에서는 3개, 3지 교차로에서는 2개의 교통흐름을 한 사람의 조사인력으로 충분하다. 교통량이 많은 교차로의 경우 여건에 따라 사전 조사에 의하여 좀 더 많은 조사인력을 배치토록 한다. 이 경우 보다 특별한 조사양식을 개발한다.

조사인력의 조사능력은 수집되는 개별 교통흐름의 수, 구분되어야 하는 차종과 지역적인 여건과 관련이 있다. 교육을 이수한 인력이 수행 가능한 조사능력은 표 3.5를 활용한다.

개별적인 조사결과를 시간적으로 동기화하기 위하여 조사 개시 이전에 시간을 정확하게 동기화하는 것이 필요하다. 이는 더 복잡한 교차로 형태일 경우 더 중요하다;

그렇지 않을 경우 조사시간 동안의 시각차이로 인하여 오류를 범할 수 있다. 이는 수동계측기의 경우 장치형태에 따라 자동적으로 수행될 수 있다.

횡단면 조사와 같이 교차로 조사도 자동적으로 수행될 수 있다. 가정은 모든 운행방향이 자체 차로를 확보하고 있고 잘못된 차로 이용이 일반적이지 않을 경우이다.

표 3.5 수집되는 교통흐름과 조사기법에 따른 조사능력 기준값

교통흐름 수	조사인력 1시간 당 차량 수 기준값	
	수 기	수동계측기
1	700~900	1.800까지
2	500~700	1.400까지
3	400~500	1.000까지
4	300~400	800까지
5	200~300	600까지
6	< 200	< 400

도보에 의한 접근성이 불량하거나 인력투입이 어려운 불완전 입체교차로나 입체교차로에서는 자동 계측이 특히 유용하다.

3.5.2.4 오류원

가능한 오류는 문제의식이 없이 진행되는 교육이나 동기 미부여와 이로부터 발생하는 교통흐름과 교통량, 승용차와 화물차 구분 수집에서 발생한다.

이에 더하여 데이터 기입 시에도 오류가 발생한다.

자동계측기 투입 시 현장에서 수동 감독계측을 통하여 기능이 잘 작동하는지를 점검한다. 이때 정확한 차종구분을 유의한다. 필요할 경우 제작사로부터 제시되는 현장 신뢰성을 해당되는 조사 사업에 대하여 보정하도록 한다.

3.5.3 | 교통망 내 차량 계측(폐쇄선 조사)

3.5.3.1 기법 특성

분석대상 지역을 둘러싼 조사지점을 갖는 폐쇄선이 설정된다. 폐쇄선은 가능한 한 완벽하게 폐쇄되어야 한다.

자동차 번호판 수집의 경우 조사지점에 공공 차량번호판이(지역명이 배제된) 진출입 차량으로 구분되어 측정된다. 번호판 수집의 조사시간을 넘어 진행되는 횡단면 조사와 병행하여 데이터의 검증과 전수화가 가능하다.

3.5.3.2 적용범위

폐쇄선 조사는 분석대상 지역에 대하여 유출, 유입과 통과교통량과 개별 조사지점 간의 교통량을 산출할 때 수행된다. 규모가 큰 대상지역일 경우 예를 들어 도시전체나 구 단위일 때 외부 통과교통과 이로부터 어떤 교통관리에 따른 파급효과가 있는지가 우선적으로 조사된다.

3.5.3.3 조직과 수행지침

경로선택에 대한 예측이 필요할 경우 대상지역 내 중심 교차로에서의 추가적인 번호판 수집이 이루어져야 한다. 조사와 분석비용은 조사지점의 수에 따라 급격히 증가한다. 조사지점을 통과하는 모든 차량들의 분석주기 동안 차량번호판이 진행방향별로 등록된다.

조사 일, 시간과 기간은 3.2의 표 3.1을 참고한다. 조사시간을 주기로 세분화하는 것이 바람직하다. 세분화된 조사 주기는 개별 조사지점 간의 평균 운행시간과 대상지역의 크기와 관련 있다. 조사지점 간의 평균 운행시간은 사전에 산출한다. 나아가 이른바 실제 측정시간을 위한 사전과 사후시간을 설정하여 예측이 수행되어야 할 시간범위가 예를 들어 통과교통 비율이 실질적으로 산출될 수 있도록 한다.

이러한 조사형태에서 계측과 기입이 한 사람에 의해 수행된다면 하나의 양식 또는 Hand-held computer에 방향별로(차로별로) 최대 200대/시 정도의 차량번호판과 차종수집이 가능하다. 두 사람이 투입될 경우 처리용량은 약 500대/시까지 증가된다. 첫 번째 사람이 읽고 두 번째 사람이 기입하게 된다.

많은 교통량이 예상될 경우 녹음기 활용이 유용하다. 여건에 따라 한 명 또는 두 명이 번갈아 가며 수기로 작성하는 것이 효율적일 수도 있다. 받아 적을 때에는 명확하게 말을 하고 철자나 숫자를 하나씩 발음하여야 한다. 규칙적인 간격(예 : 매 5분)마다 시간이 준수된다. 조사지점의 현명한 선택을 통하여 외부 소음을 최소화할 수 있다. 녹음기의 충분한 저장용량과 운영시간을 점검한다(충전, 배터리).

트레일러의 경우 다른 번호판을 부착하기 때문에 화물차는 시작과 마지막에 수집하는 것이 중요하다.

도심지역에서는 자동차 번호판을 지역표기 없이 수집하는 것으로 충분하다. 외국 차량의 비율이 낮을 경우 단지 외국차량으로만 표기하면 된다. 혹여나 번호표지판(앞, 뒤)과 다른 표지판 일부가 의심스러운 경우(예 : 특수 차량표지판 또는 외국 차량표지판)에 어떻게 처리할지를 사전에 명확하게 하여야 한다.

번호표지판 수집 시 교육받은 조사인력만을 투입하여야 한다. 측정 이전에 모든 조사인력의 시계를 동기화하도록 한다.

○ 비디오 촬영에 의한 번호판 수집 : 비디오 촬영에 의한 번호판 수집 기법은 수동 번호판 수집과 동일하다. 차이점은 폐쇄선을 통과하는 차량이 수동이 아니라 비디오에 의하여 촬영되고 이후에 수동이나 자동으로 분석된다는 데 있다. 분석 SW는 효율적으로 작동

되어 낮은 오차율을 나타내야 한다. 자동 데이터 분석 자체는 기술적인 측면과 예산상 비용이 이러한 조사형태에 적합하지 않다. 비디오 카메라의 투입 시 원칙적으로 사전에 해당 정보보호기관의 허가가 있어야 한다(9장 정보보호 참고).

현재 적용되는 법적 조건에 따라 데이터의 일부만이 획득 가능하므로 비디오 계측에 의한 자동 번호판 수집을 위하여는 내장된 SW를 활용하여 자동 암호해독이 필요하다.

○ 쪽지 기법 : 차량에 쪽지를 부착하거나 운전자에게 표식을 배포하는 것은 교통흐름에 개입을 요구한다. 이 기법에서 조사지점에 따라 다양한 색채의 쪽지 또는 숫자표기로 대상지역 진입 시 표기화된다(예 : 신호교차로). 대상지역 진출 시 색채들이 기록된다. 이 기법은 대상지역 내 교통흐름의 분포를 산출하기 위하여 복잡한 교차로 시스템 또는 대형 회전교차로에 적절하다. 또한 폐쇄선 내에 유입이나 유출통행이 아닌 차량들의 흐름을 파악하는 데 적절하다. 조사기법은 차량흐름 분포를 평가하는 데 적절하나 폐쇄선 내 체류시간에 대한 내용은 알 수가 없다.

3.5.3.4 오류원

번호판의 기입과 받아적기를 통한 번호판 수집 시 데이터 저장에 오류가 발생할 수 있다. 잘못된 불완전한 수집 또는 표지판의 음성적 오류 인식과 저장 시 전송 등의 오류로 인하여 전체적인 오차가 약 10%에 달할 수도 있다. 이때 실제적인 문제는 오류로 인하여 통과교통의 비율이 높아진다는 데 있다. 기술적인 장치를 통하여 오류를 가능한 한 줄이도록 하여야 한다. 단순한 기법으로 숫자나 철자 코딩 시 허용되지 않는 숫자나 철자조합을 필터링하는 것이 있다. 결과는 모든 경우에 있어서 최소값으로 평가된다. 시간적 표본의 전수화를 위하여 추가적인 횡단면 조사가 필요하다.

비디오 기법 적용 시 촬영장소의 선정이 매우 중요하다. 교통밀도가 높고 차로수가 많을 경우 촬영각도를 선행하는 차량에 의하여 가려지지 않도록 잘 선택하여야 한다. 차도 축에 대한 각도를 크게 선택하도록 한다. 이 경우 오류가 날 확률이 상당히 높을 수 있다. 또한 광각의 경우 표지판 인식이 어렵다는 것을 주의하여야 한다.

쪽지 부착 기법 시 운전자가 쪽지를 대상지역을 벗어나기 전에 탈착하는 경우가 있다. 쪽지를 적절하게 부착하여 운전자가 탈착하지 않도록 한다.

3.6 주차차량 조사

주차차량 조사는 주차장 운영 또는 주차공간 구상, 주차시설의 점유율과 포화도를 산출하거나 개별 차량의 주차행태에 대한 예측을 위하여 수행된다. 주차조사는 순수한 계측만이 아니라 관찰이나 설문도 포함한다.

차량 또는 자전거 조사를 구분한다. 자전거의 주차량, 주차시간과 구조와 주차과정은 번호판이 없기 때문에 차량조사와는 다른 기법들이 필요하다.

다음에 설명되는 주차차량 조사를 위한 기법들은 그림 3.5에서 구분된다.

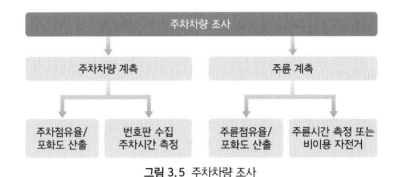

그림 3.5 주차차량 조사

3.6.1 주차차량 계측

3.6.1.1 기법 특성

계획공간 내 주차차량의 단순한 조사만은 하나의 또는 다수의 특정 시간대에 대한 실현된 주차수요의 지역적인 분포에 대한 정보만을 알 수 있다. 이러한 조사는 하루 동안 표본 형태로 분포될 수 있다.

장시간 동안의 주차시간과 주차행태는 차량에 있어서 번호판 수집 또는 차량 바퀴에 분필을 칠하어 산출한다.

주차증 종류, 우선주차, 점유율과 같은 추가적인 지표의 수집(관찰)과 짧은 설문조사(주차유발지, 주차 도착지, 운행목적)를 통하여 주차공간 수요, 주차과정의 일반적인 행태와 주차

의 이용구조에 관한 추가적인 정보들이 산출된다. 이러한 추가적인 지표의 데이터 수집과
분석 시 추가적인 비용은 목적하는 지표 수집에 비하면 크지 않다. 이 기법은 6.5.3의 "주차
시설 설문조사"에 설명되었다.

주차시간과 회전율과 같은 지표들은 주차 여건의 평가에 있어서 중요하다. 주차수요의
산출을 위하여 불법 주차가능성에 대한 이용정보도 중요하다.

주차차량 조사는 일정 시간대에 대한 주차여건 예측(분포도) 을 얻기 위한 목적을 갖고
있으며, 개별 진출입구에서의 진출입 차량과 폐쇄선에 기반하여 이루어진다. 계측시간 동안
지속적으로 수행되어야 한다.

3.6.1.2 적용범위

주차차량 조사시간은 예를 들어 연도지역과 건물의 토지이용 등 지역적인 여건과 목적에
영향을 받는다.

도심지역에서 주차차량에 대한 일반적인 상황을 조사 할 경우 1.1에서 제시된 조사 일과
조사 월을 적용한다. 분석결과에 의심이 날 경우 조사시간대가 평균 보다 높거나 낮은 점유
상황인지를 고려한다. 조사시간은 계획공간의 도시구조와 연도 시설의 토지이용형태는 물
론 상점과 개점시간 및 주차와 요금규정에 관련된다. 자동 주차증과 주차시간에 따라 차등
화된 요금이 적용되는 지역에서는 주차시간이 평가 시에 고려되어 잘못된 결과로 해석하는
일이 없도록 하여야 한다.

주차차량이 특별한 날에(예. 박람회, 일요일 쇼핑센터 개장일, 크리스마스 전일), 특별한
행사 또는 쇼핑센터와 리조트센터에서 조사될 경우, 조사시간은 행사와 개점시간을 고려하
여 선택한다.

작은 계획공간(15에서 20 도로 블록 정도) 에서는 전수 조사를 추천한다. 광범위한 조사
지역에서는 비용적인 이유뿐만이 아니라 구조적으로 유사성이 있는 영역의 주차교통 상황
을 일부지역에서 수집하고 이를 동질성을 갖는 지역에 대하여 유사하게 투영할 수 있다.

이러한 종류의 조사 시 모집단이 알려져 있을 경우 시간적인 표본이 가능하고 특정시간
에 점유율만이 산출되어야 한다. 표본은 주차행태, 예를 들어 차량 점유율 조사 또는 운행목
적과 단문 설문을 통한 운행 목적지 등의, 에 관한 추가적인 지표 추출이 가능하다.

지역적으로 합리적인 거주지역의 최대 주차공간수요를 산출하기 위하여 야간시간대 조
사도 수행되어야 한다. 도심지역 내, 특히 문화-와 여가시설 밀집지역의 경우 저녁 조사도
도움이 된다.

3.6.1.3 수행과 조직 가이드라인

주차차량 조사준비와 분석 시 공공도로 공간과 주변의 주차시설에서의 주차공간 공급과 수요에 관한 상호작용을 고려하여야 한다.

주차차량 조사의 특이점으로써 조사 이전에 주차공간 공급에 대한 현황분석이 선행되어야 한다는 것이다. 이때 다음과 같은 지표들을 수집한다.

- 주차시설 형태(아래 참조)
- 소유권
- 접근성(예 : 거주자 주차, 기관원 주차, 특별주차권)
- 운영 규정
- 요금 규정
- 주차면 배치형태
- 허가와 금지 표지판
- 주차안내시스템 구축여부와 형태
- 구조적인 활용(예 : 주거 이용)

공공 도로공간에서의 조사 시 특히 사전에 합법적 그리고 불법적 주차 가능한 총 면수를 산출한다. 이는 조사수행과 인력투입계획에 필요하다. 주차가능성은 공간적인 위치에 따라 이같이 분류된다.

- 공공 도로공간
- 사유지(공공 접근 가능/불가능)
- 노상 주차장(평지)
- 주차건물(고층과 지하)

사유지의 공공 접근 가능한 주차시설의 대표적인 예로는 고객주차장이 해당된다. 공공적으로 접근이 불가능한 사유지 주차장은 공공 도로공간에서 진출입구에서만 인지가 가능할 수 있어 제한적으로만 관련 정보수집이 가능하다. 노상 주차장이나 주차건물은 조사 가능성과 이에 필요한 기술적인 설비 등을 고려하여 진입통제 구축여부나 사유시설인지 공공시설인지를 구분한다. 진입통제가 있는 주차시설은 자동 차량인식장치가 설치되어 있다. (공공) 도로공간에서의 주차차량 조사의 조직과 수행은 명확하게 진출입구가 확보된 공간적 그리고 구조적으로 구분된 주차시설(노상 주차장, 주차건물, 지하주차장)에서 보다 부담이 크다.

초기 개괄적인 분석으로는 해당되는 지역의 항공사진을 분석하는 것이 유용하다. 항공사진이 주차장 현황 조사를 위한 도보조사를 대체할 수 있는지는 여건에 따라 확인하도록 한다. 이러한 현황조사는 구체화된 조사 이전에 조직적인 준비와 인력투입 계획을 위해 필요하다.

일반적으로 계획공간은 개별적인 부분 주차공간으로 세분화되며 조사목적에 따라 블록 사이즈까지 구분될 수 있다. 조사 준비에서는 적절한 축척의 현황지도를 기반으로 모든 부분공간에 대하여 조사양식이 개발되어 여기에 현황에 대한 Should-Be값이 기입된다. 분석의 간편함을 위하여 도보로 조사되는 주차공간은 부분 주차공간으로 세분화되며 여기에는 개별적으로 구성되는 조사양식을 활용한다. 모든 도보조사 시점에 대하여 사전에 파악된 주차현황이 양식에 기입된다. 진출입 분포도에 의한 주차시설의 포화도 산출 시 조사의 시작과 종료 시점에 사전과 사후에 주차된 차량의 총량을 확인한다. 분석으로서 하루 동안의 Should-Be 값과의 비교가 가능하다.

조사시간대의 선택은 주차점유율에 대한 원하는 예측밀도와 관련이 있다. 하루 동안의 개별적인 점유강도에 대한 예측을 배분할 경우 가능한 동일 시간 간격으로 4~6번의 도보조사면 충분하다. 이때 동일한 시간간격을 확보하기 위하여 진행경로를 사전에 제시하는 것이 필요하다. 도보빈도는 빈도 내에서 시간–시스템적인 행태변화를 배제하기 위하여 90분을 초과해서는 안 된다.

주차시설의 주차교통 조사의 다른 교통조사와의 차이점은 진출입구에서만 집중적으로 조사되어 일반적으로 조사인력의 강도가 낮다는 데 있다.

자동 진입통제장비를 갖춘 주차시설에서는 진출입 차량 수가 정산시설에 의하여 파악되어 특별한 수동조사가 불필요하다. 자동 계측이 불가능할 경우 주차건물의 모든 진출입구를 통과하는 차량을 조사양식이나 데이터 저장장치에 정확한 시간으로 측정한다. 추가적으로 차종, 차량번호판과 승용차 점유율이 등록된다. 조사결과로부터 주차공간 점유율을 도출한다. 특정시간대 주차공간 점유율은, 즉 동시에 주차된 차량 수는 이 시간 동안의 진출입 차량의 차이로부터 산출된다. 주차장이나 주차건물의 자동 정산시설은 계측장비를 구성한다. 진출입구 계측상태의 비교로부터 주차과정중인 차량수와 주차시설의 점유율을 정확하게 산출하게 된다. 주차시설이 주차시간으로부터 주차요금을 산출하는 정산컴퓨터를 갖고 있을 경우 도착시간, 주차과정의 빈도와 기간 등의 지표를 통하여 점유 분포도와 주차시간 분포를 결정할 수 있다.

주차시설에서의 자동과 수동계측 시 조사 시작 이전에 주차시설 내에 주차된 차량들을 등록하는 것에 유의하여야 한다. 시간대별과 조사 종료 시에 대한 주차공간 점유율의 추가적인 등록은 용량과 관련된 포화도의 산출을 가능하게 한다(포화도＝점유/용량).

현장에서 검증된 다음과 같은 포화도의 상태로 구분할 수 있다(합법적인 주차장에 기반한 값).

- ＞90% 포화도 매우 높은 주차수요
- 80~90% 포화도 높은 주차수요
- 70~80% 포화도 평균적인 주차수요
- ＜70% 포화도 낮은 주차수요
- ＜60% 포화도 매우 낮은 주차수요

주차 차량－교통의 주차시간 산출은 차량－번호판 수집을 통하여 가장 용이하게 파악된다. 일반적으로 분석지역 내 주차된 차량들의 번호판이 사전에 정의된 시간간격으로 표기된다.

주차시간 산출을 통하여 포화도 산출에 필요한 정보들을 확보한다. "주차시설 가이드라인(EAR : Empfehlungen für die Anlagen des ruhenden Verkehrs)"에는 주차시간을 다음과 같이 구분하였다.

- 단기 주차 : 3시간 이상 주차하지 않은 운전자
- 장기 주차 : 3시간 이상 주차한 운전자

현장에서는 이러한 구분이 자주 충분치 않아 다음과 같이 더욱 세분화하는 것도 추천된다.

- "초단기주차" 30분까지
- 단기 주차 3시간 까지
- 평균 주차 3에서 6시간
- 장기 주차 6에서 10시간
- 지속 주차 10시간 이상

선택된 시간간격은 희망하는 예측 정확성과 관련 있다. 30분주기 촬영은 거의 60분까지의 "부정확"을 의미한다. 60분주기는 거의 120분의 "부정확"을 의미한다. 일반적으로 도심지역의 경우 40분 간격이면 충분하다. 단기주차(30분 미만)가 관심이 되는 지역(예 : 업무와 상업시설)에서는 지속적인 도보를 통하여 번호판 표기와 병행하여 도착과 출발시간을 분 단위로 확인하게 된다. 지속적인 수집 시 조사인원당 2~30 주차면 조사가 가능하다. 조사되는 지역은 조사인원에 의하여 한눈에 보이거나 진출입구에서 매 시점 별로 번호판을 표기할 수 있어야 한다.

표 3.6 도로공간 내 차량번호판 조사 시 조사능력

주차 형태					
평행주차		사각주차		직각주차	
경로길이 [m]	차량 수	경로길이 [m]	차량수	경로길이 [m]	차량수
300에서 500	50에서 60	250에서 350	50에서 80	200에서 300	70에서 100

조사인력의 투입계획 시 주차면 배치와 주차 가능성의 개괄적인 파악과 관련하여 차량번호판의 잠재적인 수용 가능한 수는 물론 도보로 조사되는 구간의 수를 고려하도록 한다. 도보경로의 시종점이 동일하지 않을 경우 이 거리가 추가적으로 고려되어야 한다. 주기조사 시 조사인력 수요의 산출과 계획공간의 구분을 위하여 양호한 조건 시 매 15분 주기에 대하여 조사능력을 표 3.6의 조사영역으로부터 산출하게 된다.

지속적 도보 조사 시 시간 당 3,000 m를 초과해서는 안 된다(개별 도보 조사 간에 조사인력의 짧은 휴식을 확보하기 위하여).

공공 도로공간 내 주차장에서의 번호판 수집에 비하여 주차시설 내에서의 번호판과 추가적인 차량지표수집은 조사가 진출입구에 제한되어 있고 부분적으로 고정적으로 설치된 자동계측시스템이 가능하기 때문에 인력소모가 적다.

모든 진출입 차량의 번호판은 적절한 기법(조사양식, 녹음기, 비디오 촬영)을 통하여 시간주기별로 정확하게 측정된다. 이러한 측정기법의 장점은 추가적으로 점유율 산출을 위한 진입시간과 목적지에 따른 주차시간과 이들의 분포에 관한 정보를 습득할 수 있다는 것이다. 나아가 고정적으로 설치된 센서를 이용하여 주차면별 점유, 주차시간과 차종을 산출할 수 있는 기술적인 수집시스템이 활용 가능하다. 이를 위하여 모든 주차면에는 적절한 센서가 설치되어야 한다.

3.6.1.4 오류원

주차교통 조사 시 오류는 주로 조사 시작 이전과 이후의 불충분한 점유상황의 수집은 물론 지역적인 여건(현황파악)을 고려하지 못하여 발생한다. 나아가 조사 이전에 항상 조사일에 계획공간 또는 인접 지역에서의 감시가 이루어져야 하는지, 이 경우 어느 정도여야 하는지를 결정한다. 이는 비교할 만한 평일에는 그 필요성이 그리 크지 않다.

주차교통 조사 준비는 물론 수집된 데이터의 검증과 분석 시 인접한 "주차시설"과 주차영역의 운영규정을 고려하여야 한다. 무엇보다도 공공 도로공간과 공공 주차건물 간에는

다양한 요금체계로 인하여 이용과 포화도의 상관관계가 발생할 수 있다.

나아가 조사와 번호판 수집 시 발생할 수 있는 일반적인 오류(조사인력 능력, 해독과 받아쓰기 오류)들을 유의한다.

3.6.2 주륜교통 조사

3.6.2.1 기법 특성

주륜교통 조사는 주륜자전거, 주륜시설 포화도와 잠재적인 수요를 산출하기 위하여 필요하다. 여기에는 함부로 주륜된 자전거와 방치된 자전거도 포함된다. 주륜조사는 도로공간 내 주륜장, 대규모 주륜장을 갖춘 특정 목적지, 무엇보다도 대중교통 정류장(Bike + Ride)에서 이루어진다.

주륜조사와 수집 시 다음과 같은 원칙적인 개념들을 구분한다.

o 방치된 자전거 수를 포함한 모든 자전거의 순수한 대수
o 주륜장으로의 진출입량
o 주륜시간 수집

관찰/설문을 통한 추가적인 지표의 수집은 6.5.3 "주륜시설 설문"과 5 "계측"에서 보다 상세하게 설명되었다.

조사기법의 선택은 조사목적과 관련이 있다. 예를 들어 주륜시설 또는 가능한 자전거 이용 목적지에서의 관찰이나 설문은 주륜 가능성의 실질적인 수요에 관한 추가적인 정보를 습득하는 데 유용하다. 조사는 일반적으로 수기 또는 수동계측기나 대규모 시설인 경우 비디오를 활용한다.

추가적인 주륜에 대한 가이드라인은 "주륜 가이드라인"을 참고로 한다.

3.6.2.2 적용범위

주륜공간 점유 조사는 주륜대수를 산출하는 가장 단순한 기법이다. 목적은 특정 장소에서의 주륜 수요를 산출하는 것이다. 이때 일, 주, 또는 연도별 주륜된 대수의 최대값을 산출한다. 주륜된 최대 대수를 산출하기 위하여 조사시점이 중요하다.

- 오전 : 주로 자전거로 접근한 Bike + Ride 시설, 사무실, 대학과 학교
- 오후 : 쇼핑지역
- 야간 : 주로 주륜된 Bike + Ride 시설, 주거지역

특별한 Bike + Ride 이용구조에서(예 : 높은 학생 비율) 조사는 적절한 시간대에 수행되어야 한다.

현황 조사에 대한 예측력은 일반적으로 특히 역에서 제한된다. 적절하고 질적으로 높은 수준의 주륜장 미비로 인하여 자전거 통행이 이루어지지 않는 경우가 많다. 주륜장 수요는 현황조사에서 산출된 값 보다 어느 정도 높다. 현황 조사 시 주변 지역의 주륜된 자전거도 같이 조사토록 한다.

진출입구 조사 시 특정 장소에서의 자전거 회전율이 산출된다. 역 주변 주륜시설에서는 예를 들어 첫 번째와 마지막 지역 또는 간선철도의 도착과 출발시각에서 조사를 시작하고 종료하는 것이 바람직하다. 조사 일 측면에서는 정형적인 요일(월~목), 금요일, 토요일과 일요일이 대표된다. 조사시간과 조사주기는 요일과 입지와 관련 있다(역의 경우 30에서 60분 주기가 추천됨).

특히 역에서는 방치된 또는 고장난 자전거를 위한 저장소가 Bike + Ride 이용자를 위하여 충분하지 못한 주륜 공급을 초래하게 된다. 움직이지 않는 자전거에 대한 조사 목적은 장기간 이용되지 않는 자전거를 파악하고 이를 처리하기 위한 것이다. 이러한 기법으로 모든 주륜된 자전거의 주륜시간을 산출할 수 있다.

3.6.2.3 조직과 수행 가이드라인

진출입구에서의 수행은 자전거 표식을 통하여 이루어진다. 추가적으로 시간과 일자가 표기된 부착쪽지와 종이 띠가 활용된다. 이는 진출은 물론 진출 조사도 가능케 한다. 연속된 감독 중간에 주륜된 자전거는 파악되지 못한다.

진출입 자전거의 수는 그러나 단순한 계측/조사에 의하여 산출될 수 있다.

더 이상 사용되지 않는 자전거의 산출을 위하여 다양한 가능성이 있다.

- 목측에 의한 검증(펑크난 타이어, 녹슨 체인, 고장난 부품)이 있지만 이에 관하여 명확하게 통일된 기준이 없기 때문에 이 기법은 문제가 된다. 또한 단순한 현황파악에 국한된다.
- 주륜된 자전거의 현황을 표식하고 이를 일정한 간격으로 검증한다. 가능한 방법 : 부착 티켓(바퀴로부터 탈착시켜야 함), 바퀴 표면에 분필로 표기(확인 후 또는 탈착 후 검증

됨), 테이프롤, 운전자가 장애를 느껴 자전거 주행 시 이를 탈착하게 된다.

중요한 것은 표기가 일기상황과 사람에 의한 조작에 대하여 보호되어야 한다는 것이다. 또한 자전거에 해를 끼치거나 더렵혀져서는 안 된다.

그러나 비용이 수반되는 추가적인 기법은 대규모 주륜시설에서 디지털 비디오 카메라를 활용하는 것이다. 특정한 진행계획에 따라 주륜된 자전거들이 촬영되고, 화면이 컴퓨터에서 상호 비교될 수 있다(현황 사진이 일자로 표기되고 출력된다). 비디오 수집은 현황조사와 주륜시설의 진출입량 산출에 적절하다.

3.6.2.4 오류원

주륜교통 조사 시 오류는, 주차교통 조사에서와 같이, 주로 조사 시작 이전과 이후의 불충분한 점유상황의 수집은 물론 지역적인 여건(현황파악)을 고려하지 못하여 발생한다. 자전거 교통에는 조사 일의 일기상황, 시설의 질적 구축 수준과 확보된(자전거) 교통망을 통한 접근성 등의 추가적인 내용이 이루어져야 한다.

시설의 구축수준은 무엇보다도 단순히 자전거를 잠그는 것뿐만 아니라 자전거 거치대에 연결할 수 있고, 일기상황에 대하여 충분히 보호되는지에 관련된다.

주륜조사 시 오류는 잘못된 조사시간의 선택을 통하여 발생될 수 있으며, 이들은 차량 조사시간과 무조건 일치하여야 하는 것은 아니며 자전거 이용자들이 추가적인 도보를 피하고 가능한 한 목적지 근처에 주륜을 하려고 하기 때문에 주변 토지이용에 대하여 차량 교통보다 더욱 관심을 기울여야 한다.

주륜시설의 포화도 산출 시에는 방치된 자전거를 함께 고려할 때 오류가 발생하게 된다. 사용 중인 자전거와 더 이상 이용되지 않는 자전거 간의 구분은 대부분의 대중교통 – 정류장에서 오랜 시간 동안 주륜된 자전거들이 대중교통 수단으로의 접근 교통수단으로 활용되는데 이때 이미 방치된 자전거들과 유사하게 상태가 양호하지 못한 상황일 경우가 많기 때문이다.

어느 정도의 시간이 지나야 자전거가 "소유자가 없이 방치된" 것으로 표현 가능한지, 얼마나 오랫동안 자전거가 주륜될 수 있는지(4일, 1주, 한달) 등은 규제적인 대책 시행 이전에 지역 경찰이나 도로교통 관련 부서와 협의되어야 한다.

나아가 조사 시 발생할 수 있는 일반적인 오류(조사인력 능력, 해독과 받아쓰기 오류)들을 유의한다.

3.7 데이터 분석과 데이터 문서화

데이터 분석의 시작은 데이터 수집으로 충족될 수 있는 수집목적에 대한 이해이다. 일반적으로 데이터들은 단지 실제 상황만을 제시하는 것이 아니라 장시간 동안의 시계열 분석 등을 제시할 수 있도록 분석되어야 한다. 따라서 데이터 품질 자체만이 아니라 데이터의 분석과 문서화가 중요하다. 추후 비교가 가능하도록 순수한 조사 데이터뿐만 아니라(원시 자료) 데이터의 정의와 조사여건을 수집하고 기록하는 것도 중요하다. 계측 데이터를 설명하는 데이터들은 앞으로는 메타 데이터들로 표기한다.

이 절에서는 적절한 비용으로 데이터들을 장시간 어떻게 확보하는지에 대하여 설명한다.

3.7.1 데이터 분석

조사 이전에 이미 추후에 데이터들이 어떻게 분석되어야 하는지 결정하여야 한다. 조사 시 예를 들어 조사기간과 교통수단이 중요한 의미를 가지며, 차량교통에 있어서는 차종 정의 또는 방향별 또는 양방향 다차로시 차로 개별적으로 조사되어야 하는지가 중요하다. 어떤 경우에도 결정사항들이 문서화되어 추후에 활용되도록 한다. 데이터 정의에 대한 가이드라인은 개별 적용분야에 대하여 앞 절에서 설명되었다.

3.7.1.1 타당성 검증

다양한 조사기법에는 데이터 분석 시 검증되어야 하는 각각 자체적인 오류원이 있다. 이때 검증의 깊이는 매우 다양할 수 있다. 완벽성에 대하여 단순한 검증에서부터 시작될 수 있다 (주로 자동적인). 보다 복잡한 것은 측정오차가 확인될 수 있는 내용적인 검증이다. 이들은 제한적으로 자동적인 기법에 의하여 수행된다. 이 경우 전문가에 의한 자문이 필요하다.

3.7.1.2 보행과 자전거 교통 조사 시 타당성 검증

다음과 같은 타당성 검증이 데이터 접수 후 데이터 입력 시 검증 프로그램을 통하여 자동적으로 수행될 수 있다.

- 조사지점에 따른 데이터 수집의 완벽성
- 주어진 조사기간 동안 완전한 수집(조사장치의 고장, 조사인력이 지각, 조사 기간 동안 예측되지 못한 이벤트 예를 들어 교통사고)
- 인접 조사지점과의 조사데이터 비교

3.7.1.3 대중교통 승객 조사 시 타당성 검증

다음과 같은 타당성 검증이 일반적으로 데이터 접수 후 데이터 입력 시 검증 프로그램을 통하여 자동적으로 수행될 수 있다.

- 표본규모 : 표본계획에 제시된 노선운행 수가 조사에서 도달되어야 한다.
- 개별 노선운행의 데이터 수집 완벽성 : 특히 자동승객계측기의 경우 다양한 원인으로 장비 고장이 발생할 수 있다.
- 점유율 : 승하차객 조사 시 개별 정류장 간의 점유율은 "0" 보다 커야 하며, 첫 번째 이전과 종점 이후 정류장은 "0"이어야 한다.
- 승하차객 : 승하차 인원 수는 개별 노선 운행에 있어서 동일하여야 한다. 첫 번째 정류장에서는 하차객이 없어야 하며 종점에서는 승차객이 없어야 한다.
- 검증 조사, 기술적 자료 수집 감시(자동 승객계측시스템만 해당) : 수동 감독조사 또는 기술적 자료수집의 검증을 통하여 시스템적인 오류들을 확인하여야 한다.
- 일반 운행데이터(수동 조사만 해당) : 조사양식에 제시된 출발시간, 출발 정류장과 수집된 운행방향은 운행계획 데이터로부터 검증되어야 한다.

데이터 보정을 위하여 적절한 기법들이 있다(예 : 비교기법). 일정 오류 한계 이상의 경우 보정은 무의미하여 수집된 데이터들을 폐기토록 한다.

3.7.2 | 가중과 전수화

다음은 계측의 가중과 전수화를 위한 다양한 원리와 이들의 가정에 대하여 설명한다. 원칙적으로 교동망 내 계측의 전수화는 "Matrix" 차원에서 공식적으로 허용되지 않는다.

3.7.2.1 보행자와 자전거교통의 전수화

원칙적으로 자전거와 보행교통은 차량교통에 비하여 보다 높은 자유도(우선적으로 경로 선택에서)와 일기상황에 대한 민감도에서 차이가 난다. 예를 들어 보행교통의 전수화는 표본선택과 관련 있다(6.4 참조). 현재 "자전거교통을 위한 표본조사의 전수화 모형"에 대한 연방도로연구소의 연구가 진행 중이다.

3.7.2.2 대중교통 승객 관찰의 가중과 전수화

가중은 완벽한 타당성 검증을 통과한 자료를 가정으로 한다. 가중에 있어서 모든 설문 대상 승객과 운행에 대하여 전수화와 선택 보정계수가 결정된다.

- 운행요소 : 요일별 시간대별 차량 투입과 운행빈도를 고려한 요일별 제공 운행 노선의 조사자료의 전수화
- 좌석그룹요소 : 등급별 분류를 고려한 모든 운행의 제공되는 좌석그룹별 조사자료의 전수화(좌석그룹 선택이 없을 경우에는 생략)
- 승객요소(설문조사 시에만) : 정류장별 분류를 고려한 모든 운행의 조사된 승객의 설문 자료에 대한 전수화
- 연 보정 계수 : 월별, 요일별 계수를 고려한 전수화
- 환승객 선택보정(직행통행에 비한 환승객의 높은 조사 확률) : 부분운행 수의 역수를 활용한 보정(최초탑승원칙에 의한 승객조사가 대안으로 고려가능)
- 시간대별 조사 승객의 시간적 분포의 해당 시간그룹별 모든 운행의 시간적(하루 시간대별 기준) 분포에 대한 보정 계수(시간구분이 하루 시간대와 동일할 경우 생략 가능)

개별 조사단위에 속하는 다양한 요소들은 상호 동시에 고려되어 종합요소로 산출된다. 이는 조사된 분석단위를 대표하는 모집단(수송수요, 운행 등)의 분석단위 수와 동일하다.

3.7.2.3 차량 조사 전수화

교통조사는 일반적으로 표본조사이다. 기본조사에는 일반적으로 일 교통량, 일 평균 교통량(DTV 또는 DTV_{w5}) 또는 주/야간 교통량이 필요하다.

이러한 기본값의 표본조사 전수화를 위하여 일일 시간대별 분포(Standard Profile over time) 또는 표준화된 계산법이 필요하다. 교통조사 비교를 위하여 전수화가 필요하다. 일반

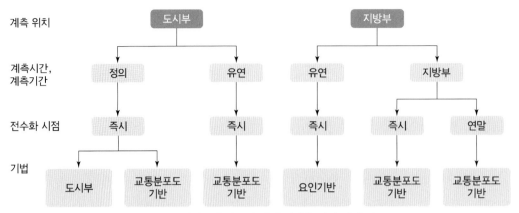

그림 3.6 차량조사 전수화 기법 선택을 위한 결정 기준

적으로 교통조사는 동일한 시간에 광범위한 지역에서 수행될 수 없어 서로 다른 시간대, 요일, 월과 연도에 실시된 표본조사는 상호 간에 비교될 수 있도록 보정되어야 한다. 이를 위하여 DTV에 대한 전수화가 필요하다. 교통량 분석을 위한 표본조사 차원의 전수화에는 다양한 기법이 있다.

전수화 기법은 적용범위에 따라 도시부와 지방부로 구분된다. 추가적인 분류기준으로는 전수화 요소의 산출에 있다. 요소기반 기법에는(예 : Arnold, 2007) 요소들이 다양한 주변 조건들을 고려하여 표로부터 도출된다. 이러한 요소들은 일반적으로 특정 시간대에 적용되어 임의의 시간대에 적용되어서는 안 된다.

이러한 요소기반 기법에 반하여 정형화된 시간대별 분포 기반하여 전수화 요소가 산출될 수 있다(예 : HRDTV). 분석시간 길이와 조사시간에 따라 이에 해당하는 요소를 산출하고 전수화에 활용한다.

상시조사 기반 기법(예를 들어 SVZ 분야 절차)은 교통특성에 기초한다. 전수화는 검지기에 의한 상시 조사가 해당되는 연도 전체에 대하여 완벽할 경우 가능하다.

보다 자세한 기법들에 대한 설명은 첨부에 제시되었다.

3.7.3 ┃ 자료정리와 문서화

자료의 준비와 저장에 있어서 원칙적으로 추후 활용을 고려하여야 한다. 자료의 합리적인 분류와 누적은 매우 중요하다. 모든 차로에 대한 4개의 횡단면에 대하여 30분 주기의 1년

교통량이 있을 경우 측정지점별로 70,000개 이상의 자료가 있게 된다. 측정지점이 다수일 경우 짧은 분석기간에도 방대한 자료가 있게 된다. 따라서 차로 방향별로 시간대별 또는 1일 교통량으로 누적하는 것이 필요하다. 또한 누적된 자료를 예를 들어 1년 조사로부터 1일 교통량 등은 데이터뱅크에 보관하고 원자료는 보관하여 다른 자료저장소에 저장한다.

개방된 office-program을 활용한 자료의 가독성을 확보하는 것도 중요하다. ASCII 또는 MS-Excel과 같은 자료저장 형식은 많은 프로그램에서 처리될 수 있다. 이를 위하여 자료에 대한 명확한 정의가 포함된 문서가 필요하다.

조사자료와 정보의 저장은 일반적으로 전자화된다. 도로건설 부서를 위하여 차량 자료는 조사자료뱅크에 저장되고 언제든지 활용이 가능하다. GIS와 Intranet/Internet환경과 연계하여 정보들은 다양한 이용자에게 제공된다. 이용자 그룹에 따라 어떤 정보가 어느 정도의 깊이로 제공될 수 있는지를 결정하게 된다. 최소정보는 조사의 시점과 장소이다. 추가적으로 정확한 조사위치가 지도 또는 사진에 제시되고 조사 당시의 여건에 대한 설명이 포함될 수 있다.

승객조사 결과 역시 ASCII 포맷이나 데이터뱅크에 저장된다. 자주 분석되어야 할 자료들은 특별한 분석 프로그램이 접근 가능한 데이터뱅크에 저장된다.

최소정보로써 조사의 메타데이터가 확보되어야 한다. 메타데이터는 조사자료와 함께 자료저장의 형태로 자료 이용자가 활용할 수 있어야 한다.

다음과 같은 정보들이 최소한 확보되어야 한다.

- 조사 명칭
- 교통수단
- 조사 일시
- 조사 시간
- 조사 장소
- 공간적 조사 범위
- 동시에 조사된 지점의 수와 위치
- Geo Reference
- 조사 설계(예를 들어 횡단면, 일회 표본조사, 반복조사의 경우 자료조사 빈도)
- 조사 종류(예를 들어 수동 단기조사)
- 적용된 조사양식과 기기의 종류(예를 들어 조사양식, 측면 레이더)
- 자료종류(예를 들어 교통량, 주차점유)

- 내용(예 : 분류되는 차종과 수; 방향별 조사자료가 차선별인지 방향별인지에 대한 제시)
- 표본 확보
- 특수 여건(기상 등)
- 전수화 기법
- 자료저장 설명(자료저장 종류; 서류, 컴퓨터저장장치)
- 수행 인원
- 발주자
- 자료조사 단계(진행중/종료)

교통조사의 평가와 비교를 위하여 전체 조사과정을 문서화하는 것이 필요하다. 이는 조사된 자료의 수준을 평가하는 데 불가피한 단계이다. 문서화를 위한 방법은 1.7에서 설명되었다.

측 정

Department of Civil Eng. Major: **Traffic Engineering**

측정은 연속값을 포함하는 지표(예 : 속도)들을 수집한다. 이에 반하여 계측과 관찰은 단지 정수로 표현되는 언어적으로 설명되는 지표를 수집한다. 조사의 첫 번째 종류에 대하여 일반적으로 측정장치가 필요하며, 이들의 투입가능성과 분야가 이 장에서 설명되는 절차의 주요 내용이다. 상세한 정보는 "도로교통 데이터의 단기적인 자동 수집을 위한 가이드라인"을 활용한다.

교통흐름의 측정을 위한 측정 장비 이용 시 이들이 도로이용자들에게 인지되지 않도록 하여 속이는 동작 등을 방지하도록 한다.

4.1 적용분야

교통기술적 측정은 교통흐름의 수준을 평가하기 위한 기초자료로 우선 활용된다.
계획분야에서 다음과 같은 이용사례가 있다.

- 횡단면에서의 지점 속도
- 도로구간과 경로에 대한 운행시간과 속도
- 교차로에서의 대기시간 측정
- 교차로에서의 진입/통과/진출시간과 속도
- 정류장에서 대중교통 차량의 정차와 지체시간
- 도로구간과 교차로에서의 대중교통 차량의 지체시간(그리고 그 원인과 장애원인 분석)
- 주차시간

4.2 기본적인 절차지침

다음에 설명되는 측정절차의 적용범위는 측정장비의 확보성, 비용, 정확도와 외부적인 적용조건은(일기, 조명) 물론 정보보호에 의하여 결정된다.
지점 속도 측정을 위하여 특별하게 개발되고 보정된 장비 이외에 정확도에 대한 요구조건이 낮을 경우 자동 교통계측기도 활용된다. 원칙적으로 제조사 설명문을 넘어서 적용조건에 대한 세밀한 지식이 필요하다.

교통흐름의 목적하는 수준단계의 평가를 위한 측정 시 측정된 지표의 정의를 정확하게 유의하여 산출된 값과의 비교를 보장하도록 한다. 이는 교차로에서의 대기시간 측정에도 적용된다.

투입계획 시 필요한 전력공급, 장비 위치에 대한 요구조건, 도난과 훼손방지와 데이터 손실 영향과 개별 측정장비 고장 등이 전체 조사결과에 미치는 영향에 주의한다.

4.3 현장계획의 적용사례 측정기법

측정은 특정지점 또는 교통망 상의 구간에 기반하고 자동 측정장비에 의하여 수행되거나 측정기간 동안 조사인력을 통한 지속적인 측정이 필요하다.

표 4.1은 측정기술적으로 수집되는 지표에 대한 측정기법과 적용영역을 제시한다.

표 4.1 측정절차와 적용범위 개요

	지점 측정			노선별 측정
	교차로	도로횡단면	정류장	구간과 도로망 경로
수동 측정	대기시간, 진입/통과 /진출시간과 속도	"Hand-Radar"에 의한 지점속도	대중교통의 대기시간과 지체시간	대중교통의 장애원인 분석 차량의 추종운행
자동 측정		지점속도	대중교통의 대기시간과 지체시간	승용차와 대중교통의 운행속도

4.3.1 차량 지점속도

차량의 지점속도 측정은 안전측면의 평가를 우선한다(하교 또는 마을 진입부 등 위험장소에서의 허용속도 준수). 측정은 자동측정기기에 의하여 수행된다.

속도측정을 위한 특수한 레이더장치는 높은 측정 정확도가 요구될 때 선호된다. 측정 정확도에 대한 요구조건이 낮을 경우 루프, 비디오 또는 레이더 기술로 작동되는 교통측정기를 활용할 수 있다. 상세한 정보는 "도로교통 데이터의 단기 자동수집 가이드라인"을 참고한다.

교통흐름의 수준을 평가하기 위하여 도로횡단면에서의 지점속도는 적절하지 않다. 도로 구간에서의 운행경로를 수집하고 측정위치에 따른 우연한 오류를 방지하기 위해 높은 측정 장소 밀도가 필요할 수 있다. 적절한 측정절차는 "도로교통시설의 설계를 위한 핸드북"에서 정한 수준지표에 따른다.

4.3.2 차량의 운행속도

구간 또는 교통망 상에서의 운행속도를 산출하기 위하여 다음과 같은 측정방법들이 활용된다:

- 차량표본 인식
- 차량번호판 수집과 추적
- 차량의 GPS 또는 GMS 위치추적을 통해 수집되는 데이터 분석
- 측정운행(개별차량 따라가기나 "차량흐름 내에서 같이 헤엄치기")

앞에서 언급된 2개의 기법은 측정구간의 시종점 간의 평균 운행시간을 산출한다. 이 구간 상의 운행경로에 대해서는 데이터가 수집되지 않는다. 차량인식은 자동(ANPR-장비) 또는 수동으로 수행된다. GPS 위치파악을 이용하여 운행시간, 운행속도와 가감속에 대한 거의 지속적인 측정이 가능하다. 위치파악 목적을 위하여 특별히 개발된 장비(GPS-Logger) 이외에 GPS 기능을 활용한 이동전화도 이용한다(Smart Phone). 이동전화는 나아가 접속된 장치가 지속적으로 인접한 송신장치와 교환되는 통신데이터 분석을 통하여 위치를 파악할 수 있다. 이를 통해 차량경로와 운행속도가 도출된다. 자동측정 기법에 반하여 측정차량에 의한 차량추종에서는 전체 측정기간 동안 조사인력이 투입된다.

4.3.2.1 차량표본인식

통신기술로부터 도출된 기법은 첫 번째 단면에서 수집된 차량군이 몇 킬로미터 정도 이격된 두 번째 단면에서 다시 인식하도록 하는 것이다. 이는 루프검지기 시스템이 "자기장 특성을 갖는" 차량차체를 매우 정확하고 차량 별로 개별적인 차량견본을 수집하고 구분할

수 있기 때문에 가능하다. 원칙적으로 충분히 차량자체의 특징을 구할 수 있는 다른 검지기 종류도 적용 가능하다. 도로상부에 설치되는 시스템은 이러한 종류의 정밀한 구분이 아직은 불가능하다.

연속하여 진행하는 차량들은 지속적으로 집체적으로 수집되고 다시 인식된다. 이러한 집체적인 재인식은 개별 차량지표를 통한 간접적인 방법이 아니라 집체적인 운행속도와 같은 집체적인 교통지표(차량군 평균 운행속도)를 산출하게 된다.

첫 번째 분석단계는 차량과 관련 없는 영향, 예를 들어 지점 차량속도에 관한 양 단면의 검지기 신호를 제거하는 데 있다. 차량에 특화된 지표를 갖는 표준화된 차량신호들이 발생하여 이들이 정의된 "차량표본"과 비교되고 이들이 동일한 경우 배정된다(표본 인식). 검지기 신호의 순서는 이를 통하여 차량표본의 순서로 전환된다.

두 번째 단계에서는 횡단면 1의 차량표본이 재 인식 목적으로 횡단면 2의 차량표본 순서들과 일치하는지 검증된다. 횡단면 1의 지표순서의 선택에 따라 횡단면 2의 동일한 크기에 대한 패턴들이 배치된다. 횡단면 2에서의 이러한 패턴을 순차적으로 차량 한 대씩 밀어내게 되면, 횡단면 1과의 일치 여부가 단계별로 변경된다. 상관관계가 최대가 되는 지점이 지표순서가 가장 크게 일치한다. 이러한 반복절차를 위하여 횡단면 1의 차량군이 횡단면 2에서 재 인식된다. 이에 해당하는 시간 차이는 양 횡단면 사이에 위치한 구간에 대한 집체적인(평균) 운행시간이다.

이를 위한 가정은 짧은 루프가 더 효율적으로 설치되는(TLS에 따른 루프타입, 길이 1 m) 두 개의 루프를 갖는 분석되는 구간의 구분이다.

현장에서 횡단면 1을 통과하는 차량의 최소 50% 이상이 횡단면 2를 통과할 경우 이 기법은 신뢰성 있게 운영된다. 분석 시 어려운 여건은 다음과 같은 경우에 발생한다.

  o 대상 차량군의 심한 분산(긴 구간, 개별 속도의 큰 분산),
  o 측정 단면 내(교차로, 진입/진출구) 차량의 심한 진출과 진입(약 50% 이상)

기준 값으로 측정 구간 간 최대 연장은 2에서 8 km이다. 측정단면은 일반적으로 2개의 교차로 간에 설치된다. 교통량이 적은 교차로나 연결로는 측정구간 영역 내에 배치될 수 있다.

오류원은 측정단면과 루프 배치의 비합리적인 위치에 기인한다. 차로변경이 빈번히 발생하는 영역에서는 차량특성 지표 수집이 어렵기 때문에 측정단면을 설치하지 않도록 한다. 오류는 또한 차량군의 심한 분산으로 인한 적은 재인식률에 의해서도 발생된다.

이 측정기법에 대한 상세한 사항은 "도로교통 데이터의 단기적 자동 수집 가이드라인"과 여기에 제시된 참고문헌을 참조한다.

4.3.2.2 차량번호판 수집과 추적

이 기법에서 측정 구간의 시종점부에서 모든 진입과 진출하는 차량 번호판이 정확한 시각으로 수집된다(이는 고정적으로 설치된 독일에서 허용되지 않는 기법인 "구간 단속"에서도 수집된다). 순수한 수동 수집은 측정단면을 통과하는 시점이 충분히 정확하게 등록될 수 없으므로 짧은 측정구간에서는 실질적으로 배제된다. 시계를 내장한 전자적으로 지원되는 수동수집기를 이용할 경우 일반적으로 충분히 정확한 시간 수집이 보장된다.

이른바 ANPR-장비(Automatic Number Plate Recognition)는 비디오기술을 이용하여 자동으로 측정 구간의 진입과 진출단면에서 차량번호판과 통과시각을 수집한다. 사진기 촬영은

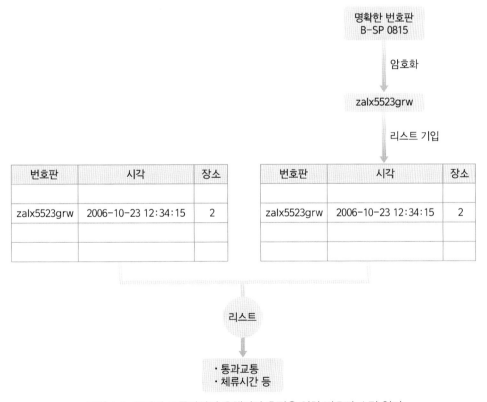

그림 4.1 구간과 교통망상의 운행시간 측정을 위한 번호판 수집 원리

정보보호 측면에서 차량 전면의 표지판을 보도록 설치되어 운전자의 얼굴이 우연히라도 수집되지 않도록 한다. 자동화된 영상분석을 위하여 적용되는 시스템은 다양한 국가 표식을 인식할 수 있어야 한다. 정보보호 이유로 일반적으로 수집된 번호판의 자동적인 복구가 불가능한 코딩이 필요하다(9장 참고).

양 측정단면에서 재 인식되는 번호판의 시간차이로부터 해당되는 차량의 운행시간이 산출된다. 예로써 그림 4.1을 참고한다.

최근 들어 카메라 수준과 분석 소프트웨어가 더 발전되었음에도 불구하고, 양호한 결과수준을 갖는 자동적인 수집은 다양한 여건의 영향을 받는다(특히 차량밀도, 가능한 촬영장소, 수집단면 당 차로수, 기상상황 등).

자동수집시스템의 투입은 비용적인 측면에서 광범위하고 특별한 조사목적 시 수행된다.

4.3.2.3 차량위치데이터의 수집/분석

GPS 위치파악과 동시에 시간수집을 통하여 임의의 시간 주기별로 차량의 위치를 파악할 수 있다. 시간적으로 변화되는 위치는 예를 들어 map-matching 등을 통하여 차량이 움직이는 도로망 상에서의 구간을 배정한다. 시간 주기별로 운행된 구간(예 : 네비게이션 망)의 길이를 측정하면 운행시간도 산출할 수 있다.

측정장비는 위치와 시간 데이터를 데이터 수집장소(server)로 전송하는 GPS 위치파악 장치와 이동통신 전송장치로 구성된다. 개별 위치파악 간에 짧은 투입시간과 큰 시간간격을 위하여 비용절약 측면에서, 이른바 송신장비가 필요 없고 수집된 데이터를 장비에 중간 저장할 수 있는 GPS-Tracker가 적용될 수 있다. GPS와 이동통신 장비가 장기간 측정운영을 위하여 설치되고 차량 내에 고정적으로 설치될 수 있는 것에 비하여, GPS-Tracker는 정기적으로 수집되고 데이터들을 불러들여야 한다. 도로화물 교통에서 이 장비는 데이터 저장장치가 충분히 확보되어 차량이 짧은 회전시간을 갖고 있을 때에만 가능하다.

위치파악 목적을 위하여 특별히 개발된 측정장치 이외에 차량 운전자가 소지하고 있는 스마트폰의 투입도 가능하다. 장점은 확보된 단말기를 활용한다는 점이다. 그러나 일반적으로 상용화된 GPS 위치파악 품질은 이러한 목적을 위하여 특별히 개발된 장비보다 신뢰도가 떨어진다. 이외에 모든 이용되는 스마트폰을 위하여 특별한 자동 위치파악과 데이터 전송과 데이터 서장장치(server)로의 데이터 진송을 제이하는 Handy-Application이 개발되어야 한다.

위치파악이 어려울 때에는 데이터 누락이 발생하여 경우에 따라서는 수집된 위치좌표를 운행한 구간에 매칭하는 것이 어려워질 수 있다. 따라서 수집된 원시데이터를 검증하고, 필요할 경우 보완하며 교통기술적 분석을 위한 특별한 분석 소프트웨어가 필요하다. 최근 적절한 장비를 갖춘 운전자의 일부를 표본으로 하여 이러한 정보를 중앙 측정접수장치로 송신하는 기법이 적용되고 있다(Floating Car Data). 이때 차량의 표본수가 전체 교통상황을 대표할 수 있다는 것을 가정한다.

모든 이러한 작업 시 정보보호 측면을 고려하여야 한다(9장 비교).

4.3.2.4 측정운행

자체 차량 내 측정을 위하여 다음과 같은 가정들이 적용된다. 차량 자체가 "측정차량"으로 장착되어 측정데이터가 운행 중 데이터 저장장치로부터 호출되거나 동승인이 적절한 데이터를 "손으로" 확보한다. 수집기법에 따라 원칙적으로 두 개의 가능성이 있다.

- 개별차량 추종
- 차량군 내에서 "같이 따라감"

결과내용과 요구되는 정확도에 따라 적절한 기법을 선택한다. 개별차량 추종 시 측정차량은(전자적인) 거리확보 장치를 장착하고 높은 수준의 차량성능이 필요하다.

"같이 따라"갈 경우 스스로 교통흐름에 영향을 미치는 것을 유의하여야 한다. 이는 주어진 교통상황에 최대한 맞추어 나가는 것을 의미한다. 하나의 착안점은 적절히 조절된 속도로 운행하며, 자신이 추월 당하는 만큼 다른 차량을 추월하는 것이다(수동과 능동 추월 차량수가 동일).

4.3.3 │ 대기시간, 진입/통과/진출시간과 속도

이러한 지표의 측정은 신호체계가 있거나 없는 교차로 설계를 위한 변수 산정에 활용된다. 적절한 측정기법의 선택을 위하여 중요한 것은 측정된 크기가 독일 교통신호지침(RiLSA)와 독일교통용량편람(HBS)에 따른 해당되는 정의와 일치하는 것이다.

측정은 신호등과 차량움직임이 동시에 관찰되어야 하기 때문에 전문적인 교육을 받은 조사인력을 지속적으로 투입하는 것이 필요하다. 측정장치로 스톱워치와 속도 측정을 위한 스피드 건이 적용되어 이것들로 차량의 진입과 진출경로를 추종하게 된다.

만일 교통흐름이 분석되는 교차로에서 비디오 촬영으로 수행될 경우 측정은 추후에 모니터에서 수행되고 재생될 수 있다. 이를 통하여 측정 오류를 줄일 수 있다. 그러나 이는 경우에 따라 만일 신호교차로에서 다수 진입로에서의 신호등을 촬영해야 할 경우 다수의 동기화된 필름 촬영이 필요하다.

4.3.4 정류장 대중교통의 정차시간과 손실시간

정류장에서의 서비스를 위한 전체 소요시간은 정류장 진출입 시 정지와 가속을 위한 최소 소요시간과 승객 승하차를 위한 최소 소요시간으로 구성된다.

여기에 더하여 대중교통 차량의 교통흐름 장애를 통한 시간손실과(예 : 정류장 버스베이로부터 차도로 재진입 또는 정류장 지역에 주차한 차량을 통한) 승객의 지체된 승하차로 인한(예 : 차량 내 현찰지급) 시간손실이 추가된다.

개별적인 원인을 수집하기 위하여 조사인력을 통한 측정이 수행되어야 한다. 최소 소요시간과(피할 수 있는) 시간손실 간의 차이를 고려하지 않는다면 대중교통 차량이 이러한 시스템과 연계되어 있고 차량검지가 매우 짧은 시간주기(1초)로 수행된다면 컴퓨터 지원기반의 대중교통정보시스템의 데이터를 분석하여 활용할 수 있다.

4.3.5 도로구간의 대중교통 오류원 분석

대중교통의 운행속도와 운행시간 측정은 차량계획과 배차계획에 활용된다. 장애수집과 이들의 원인을 연계하여 교통흐름의 최적화를 위해 적용된다. 측정이 일반적으로 투자결정(차량구매, 대중교통 우선통행정책)을 준비하게 되므로, 적용된 기법의 신뢰성이 큰 의미를 갖는다.

차량이 대중교통운영시스템과 연계되어 있고 지속적인 위치파악이 수행될 경우 운행속도와 차량위치의 Should be/As Is비교가 대중교통운영시스템으로부터 직접 파악될 수 있다. 그러나 이 경우 이러한 데이터로부터 장애의 원인과 이들의 파급효과에 대한 추정은 불가능하다.

차량 내 운행시간 측정은 도로구간에서의 운행시간 수집과 운행시간 손실에 대한 원인 분석을 가능케 한다. 운행시간 손실은 비장애 시 운행흐름과의 비교를 통하여 산출된다. 장애 원인 분석의 이 기법에서 조사인력은 대중교통을 탑승하여 업무를 수행한다. 측정구간은 분석목적에 따라 단위구간으로 세분화된다. 따라서 예를 들어 신호등과 교차로 앞에서 대기행렬에 의한 운행시간 손실을 수집하기 위하여 교차로 진입로와 교차로면적은 하나의 단위구간으로 묶여질 수 있다. 단위구간의 경계로 정류장, 도로표식(예 : 정지선)과 운전자로부터 쉽게 인지가 되는 고정된 시설물(예 : 중앙섬, 기둥 등)이 적절하다.

운행시간은 구간경로에 배치된 Pocket-PC 또는 PDA에 의해 수집될 수 있다. 측정구간 상 운행시작 시 측정장비가 작동된다. 매 단위구간 경계를 통과할 때마다 조사인력은 측정장비에 입력한다. 두 구간 경계 사이의 장애는 동일한 방법으로 입력된다. 가능한 장애원인에 대한 분류가 필요하다(비교 : 표 4.2). 측정구간 종점부에서 측정은 입력을 통하여 종료되고 시간과 장애원인 문서화가 측정장비에 저장된다.

절차는 컴퓨터 기반 운영시스템 데이터의 평가에 비하여 운행시간 손실과 그 원인이 상호 직접적으로 연계될 수 있다는 장점이 있다.

측정구간 길이, 대중교통 운행빈도, 시점부 회차 가능, 운행인력의 개별적 운전행태와 장애의 분산에 따라 측정 수행을 위한 시간소모가 매우 클 수 있다. 소요시간의 추정은 운행계획에 기초하여 가능하다.

운행시간 측정은 구간 경계에서 수동 입력 때문에 정확도가 제한된다. 두 개 구간 경계

표 4.2 장애와 가능한 원인

장애 분류	지점	원인
정류장 장애	정류장 출발 시	• 차량 교통 대기행렬 • 주차차량으로 인한 장애 • 추가적인 대중교통 차량으로 인한 정류장 막힘
	정류장 정차 시	• 승객 승하차 시 지연
	정류장 출발 시	• 기타 교통에 의한 장애
구간 장애	운행경로	• 도로의 구고적 상태(파손) • 도로공사(도로파손 복구) • 차량 – 교통과의 이용 상충(정체 등) • 추가적인 대중교통 차량과의 이용 상충
교차로 장애	교차로 진입부	• 우선통과 시 신호교차로 앞에서 대기시간 유의 • 교차로 전방에서 높은 교통수요로 인한 추가 대기시간
	교차로에서와 내부	• 회전 시 횡단하는 보행자로 인한 장애 • 진출되지 못한 차량으로 인한 장애

사이에 수십 초 정도의 운행시간이 소요되어 이 시간 동안 조사인력이 필요한 입력을 수행하고 오류를 수정하도록 한다. 이러한 이유로부터 장애 원인이 임의적으로 심하게 차이가 나서는 안 된다. 장애가 "지체" 또는 "정지" 등의 영향으로 수집되어야 할 경우 장애물로 접근 시 속도 감소를 자유 속도를 갖는 운행과 구분하기 위하여 정확한 지침과 조사인력의 교육이 필요하다. 자유 교통류 운행흐름에 대한 운행시간 결정은 일반적으로 다수의 측정운행을 전제로 한다. 운행계획에 의한 운행지연과 정류장 정체 시의 지체는 측정 시작 이전에 분석되어야 한다. 따라서 조사계획 시 사전에 테스트 측정이 필요하다.

4.3.6 주차시간

주차시간 측정 시 주차형태와 운영형태를 구분한다.

- 도로공간
- 주차증 출력이 없는 주차시설
- 주차증 출력이 있는 주차시설

도로공간에서 주차시간 측정은 3.6절에 제시되었다. 짧은 시간 간격으로 번호판 수동기입 기법은 적절한 수집지점을 전제로 하며 이는 추후에 수동이나 자동으로 분석되는 비디오 촬영으로 대체가 가능하다.

주차증 출력이 없거나 주차증 처리가 필요하지 않는 상황에서의 차량 주차시간의 측정은 주차시설의 진출입구에서 차량번호판의 수동적인 기록을 통하여 수행된다.

시간이 자동적으로 기록되지 않을 경우 수동 기록 시 원하는 예측 수준을 고려하여 수집되는 시간간격을 결정하여야 한다. 경험적으로 5분 미만의 시간간격은 실제 수행 시 문제에 봉착할 수 있다.

주차증 기반 주차시설에서 모든 주차과정의 진출입 시간은 컴퓨터로 저장된다. 적절한 데이터 분석은 원하는 결과를 도출할 수 있다. 수집된 개별차량의 진출입 시간이 부분적으로 저장되지 않을 경우 분석을 위하여 이 데이터들은 활용하지 않는다. 주차안내시스템의 개념 구축 시 컴퓨터 시스템이 적절한 분석이 가능한지를 검토한다.

분석되는 주차공간 포화도의 시간적 분포는 정기적인 주차시간 수집 시 가능하다.

4.4 데이터 분석과 데이터 기록

데이터 분석과 데이터 기록 목적은 측정오류를 인지하고 제거하며, 추후에 추가적인 정보 없이 분석을 수행할 수 있도록 측정결과를 준비하는 것이다.

다른 측정과의 비교는(특히 사전·사후 조사 시) 조사계획시부터 유의하고 기록 시 통일된 데이터 구조를 통하여 보장되어야 한다.

다음과 같은 작업절차들이 수행되어야 한다.

- 분석단위당 완벽한 데이터 셋의 구축(차량, 보행자)
- 활용 불가능한 데이터의 타당성 검증과 오류 제거 및 불완전하게 수집된 데이터의 보완
- 측정과 관련된 정보를 포함한 메타데이터 셋의 구축(지점, 측정기법, 측정기술, 수행, 기간, 규모, 여건; 기상 등의 목적).

4.4.1 데이터 셋 구축 가이드라인

모든 분석단위에 대하여(차량, 보행자) 다음과 같은 정보를 포함하는 데이터 셋이 구축된다.

- 측정 구역 내 측정 시점과 진입 시각
- 측정 구역으로부터 진출 시각
- 측정 방법
- 측정단면 위치(진입과 진출단면)
- 측정 또는 산출된 속도
- 차종(차종 구분 비교 표 8)
- 기상
- 조명 여건
- 필요할 경우 노면상태(건조, 습윤)
- 필요할 경우 교통상황(자유교통류, 제한교통류, 포화교통류)
- 전수화 기법

- 데이터 셋 설명(데이터 저장 방법 : 서류, 컴퓨터)
- 수행 인원
- 발주처
- 데이터 수집 진행단계(진행 중/종료)

4.4.2 │ 타당성 검증과 오류 보정

타당성 검증은 측정 데이터 내의 조사기술적인 오류를 인지하고 해당되는 데이터 셋 분석 시 배제하기 위하여 필요하다. 타당하지 못한 개별 측정 데이터들은 측정결과의 빈도분포를 통하여 인지될 수 있다(차종별로 구분되는).

장비, 보정오류 또는 잘못된 측정 순서에 의한 속도 측정 시 시스템적인 측정오류는 너무 낮거나 높은 속도를 나타내며 다른 측정열과의 비교를 통하여 인지될 수 있다. 의심될 경우 수동으로 기준이 되는 측정을 수행할 필요가 있다. 이로부터 타당한 보정이 가능하지 못할 경우 이 측정은 이용되지 못한다. 의심될 경우 반복되며 이용하는 측정순서를 수정할 수 있다. 여건에 따라 측정기법이 적절하지 못한 것으로 판단되면 전문가의 자문을 구하도록 한다.

4.4.3 │ 데이터 저장

속도측정으로부터 데이터는 다른 모든 조사데이터와 마찬가지로 데이터 포맷으로 저장되어 모든 일반적인 데이터뱅크 시스템과 표 계산 프로그램에 의하여 분석될 수 있어야 한다.

GIS 형태의 데이터 관리를 위하여 측정장소의 위치좌표기를 수반할 필요성이 있다. 이를 통하여 보완된 데이터는 다양한 계층지표에 따른 구분된 평가를 가능하게 한다.

관 찰

Department of Civil Eng. Major: **Traffic Engineering**

관찰은 도로공간 내 외부적 특성과 가시적인 행태를 계획적으로 수집하는 데 활용된다. 관찰은 종합적인 인지 가능성이 활용되지 않는 비교류적 과정이다. 따라서 관찰 기법은 가시적 인지에 국한된다. 설문기법에 반하여 관찰은 일반적으로 분석 대상 인원과의 상호 작용 없이 진행된다.

5.1 이용범위

관찰은 경험적 사회학 연구 또는 도시계획과 같은 타 학문분야에서 인정된 기법이다. 교통학의 과제설정에 있어서도 적용할 수 있다. 관찰은 통행행태와 상호 관계에 대한 필요한 정보를 수집한다. 실질적인 통행행태가 계획되었거나 일반적으로 통용된 교통행태와 차이가 발생할 경우 교통흐름에 있어서 불안정적이거나 심각한 장애를 유발할 수 있다. 사례로 보행자의 "적색등" 무단횡단(교통안전) 또는 회전교차로 진입 시 차두간격의 이용(교통류와 교통용량) 등이 거론된다. 이외에 교통계획에 있어서 공공공간의 이용과 통행행태와의 관계를 규명할 필요성이 있다. 도시계획과 교통 여건과의 상호작용에 대한 관찰에 있어서 도시계획적인 측면들(건축, 이용, 방향성)을 동시에 고려하며, 필요할 경우 도시계획 전문가들과의 협력이 필요하다. 사회공간적인 분석에 있어서도 동일한 방법으로 진행된다.

교통계획 분야에서 관찰의 이용범위는 다음과 같다

- 교통안전 : 상황에 따른 교통법규의 준수, 사고 상충 분석, 안전거리, 속도와 가속행태
- 복잡한 교통상황과 흐름 분석 : 다수 교통당사자의 참여, 구간·주기별 교통흐름 분석
- 통행행태 : 통행인의 행태와 외부적 특성요인과의 관계

5.2 기본적인 분석절차

관찰에 있어서 우선 체계적인 관찰로부터 비체계적인 관찰을 구분하여야 한다(그림 5.1). 비체계적인 관찰에 있어서는 관찰되는 대상에 있어서 어떠한 연관되는 행태나 결과가 정의

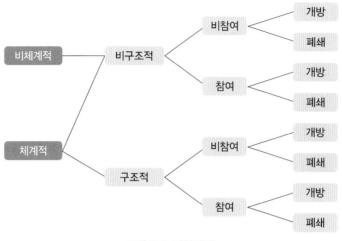

그림 5.1 관찰형태

되지 않는다. 관찰에 있어서 어떤 상황을 평가하고 더 세부적으로 분석되어 표출되는 개별 상황이 확인된다. 상황선택은 일반적으로 관찰자의 주관적인 기준에 의한다. 다수의 경우에 있어서 체계적인 관찰에 있어서 비체계적인 관찰이 먼저 분석된다.

체계적인 관찰에 있어서 구조적과 비구조적인 기법들이 구분된다.

○ 구조적인 관찰에 있어서 개별적인 행태 측면이나(예를 들어 통행인 또는 유사행태그룹) 상황변수(예를 들어 신호체계 또는 교통상황, 정체길이)에 따라 사전에 정의된 상황 분석이 이루어진다. 관찰상황은 표준화되고 정확하고 검증이 가능한 결과로 도출된다. 지표 정량화에 효율적으로 활용된다.

○ 비구조적인 관찰은 분석되는 대상이 애매하고 복잡한 행태특성에 관한 매우 적은 지식이 있을 경우 적용된다. 주로 정성적인 지표분석에 활용된다.

비구조적인 관찰은 가설 정립이나 다양한 조사도구(설문지, 관찰서류) 분류 개발을 위하여 활용된다.

나아가 참여와 비참여 관찰 및 개방형과 은밀형 관찰로 구분된다.

○ 참여 관찰에 있어서 관찰자의 의도가 노출되지 않게 하는 것이 중요하다. 관찰기간 동안의 참여는 눈에 띄지 않고 교통여건에 순응하는 것이 필요하다. 참여자는 관찰자가 동일한 영향을 받고 관찰을 위한 주의 목적을 준수하여야 한다.

◦ 은밀형 관찰은 피관찰자와 여건 간에 직접적인 접촉이 발생하지 않는다. 분석은 사건의 전개를 고려하지 않고 진행된다.

◦ 개방된 관찰에 있어서 반응효과가 발생한다. 일반적인 행태가 아닌 희망하거나 제시된 행태가 표현된다. 적응기간을 통하여 이러한 효과를 감소시킬 수 있다.

일반적인 형태는 구조적인, 비참여적인, 은밀한 관찰이다. 도로공간에서 다양한 행태순서, 기간과 위치 수집을 위하여 특별히 사진촬영이 투입된다. 사진촬영에 있어서 정보보호에 대한 요구사항이 고려된다(9장).

그림 5.2는 비구조적인, 비참여적인, 은밀한 관찰에 대한 사례를 제시한다. 도로와 기능에 대한 중첩 내에서 정리되지 않은 교통흐름을 보여준다. 동일하거나 다양한 교통참여자들이 교차하고 있다. 공간은 잘못 이용되고 있고(자전거 도로에 주차) 가볍지만 안전하지 않은 상충들이 발생하고 있다.

관찰의 종류에 따라 조사도구가 개발된다. 수집되는 분석단위(누가 무엇이 관찰되어야 하는가?)와 관찰의 종류(피관찰자가 어떻게 정지될 것인가?)는 상호 조정되어야 한다. 관찰 카테고리는 완벽하고 상세하게 정리되어야 한다. 사전조사를 통하여 조사도구는 신뢰성, 상충성과 완벽성에 대하여 검증되어야 한다. 지점에서의 관찰에는 사진촬영이 아닌 단순한 관찰여건과 단순한 조사도구가 선택된다. 사진촬영의 경우 관찰범위는 추후 시점에 확보되는 이미지 단위로 확장될 수 있다.

그림 5.2 순수한, 비참여적인, 은밀한 관찰 사례

5.3 교통여건 분석

　교통여건 분석은 교통흐름으로부터 특정 상황을 선택하고 이를 설계나 안전측면에서 특이성을 분석한다. 분석은 일반적인 교통현상으로부터 동일한 상황의 다양한 흐름이 추출되고 이를 상호 비교하여 진행된다. 이에 필요한 기초자료는 일반적으로 교통흐름에 대한 비디오 촬영이다.

　교통여건 분석은 복잡한 교통여건 내에서 중요성이 있는 교통흐름의 생성, 예를 들어

- 안전 관련 상황
  - 잠재적 사고장소 분석
  - 법규 위반 행태 분석
  - 곡선부와 교차로에서의 차량 흐름
- 설계 관련 상황
  - 교통시설의 배치(예 : 대기지역)
  - 교통시설의 수용(예 : 보호차로)

　교통여건 분석에서 교통흐름에 대한 장기촬영으로부터 분석 대상이 되는 상황이 확인이 되고 이들의 중요한 특성들이 분석된다. 여기에 추가적으로 수 초간 지속되는 개별 상황이 짧은 비디오 시퀀스에 의해 추출되고 저장된다. 개별 상황이 내용적으로 분류되어 순서적으로 하나의 녹화물로 편집될 경우(Daughter Film) 상황 비교와 동질성과 상이점을 파악하기 위한 효율적인 매체로 활용된다.

　여건 분석을 위하여 충분한 수의 상황녹화가 필요하다. 필요한 상황 수는 분석목적과 관련이 있다. 잘못되거나 안전하지 못한 교통행태를 줄이는 데 그 목적이 있다. 따라서 사전에 어떤 전제조건 내에서(시간, 교통량, 조명 등) 해당되는 여건이 발생할지에 대한 고려가 필요하다.

　관찰시간은 분석목적에 따라 교통조사와 동일하게 선택한다. 상충 상황이 자주 발생하지 않으므로 충분한 판단 근거를 확보하기 위하여 일반적으로 며칠 정도 관찰하도록 한다. 특히 사전-사후 분석의 경우 사전 여건에 대하여 충분한 촬영자료가 확보되어야 한다.

　여건의 확인은 판단이나 대안 설정과 관련된 판단의 기준이 되기도 한다.

　여건 분석은 물리적 변수를 활용하거나 활용하지 않고도 가능하다(5.4 거리측정).

화면과 분석각은 목적에 따라 선택한다. 이때 교통당사자가 화면의 많은 부분을 가리지 않도록 한다.

그림 5.3 물리적 변수측정이 없는 여건분석 사례 1: 차량이 중앙선을 침범한 후 원래 차로로 복귀 수정

그림 5.4 여건 분석 사례 2, 중앙: Laser를 활용한 차량 위치 측정을 위한 분석 구간 내 상황 구분

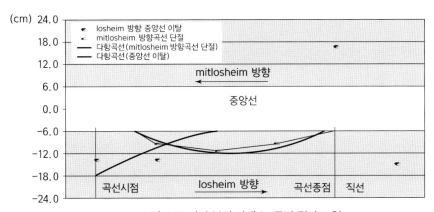

그림 5.5 여건 분석 사례 3: 구간 결과 표현

5.4 차두간격 측정

차두간격 수집을 위하여 비디오 촬영이나 단순한 사진이 적당하다. 촬영장면이 그림의 차두간격이 실제 간격으로 보정되도록 하여야 한다. 동일한 화면 각도일 경우 속도가 측정될 수 있다.

이 경우 화면순서의 차두간격 측정의 부정확성과 시간 측정의 부정확성에 따른 측정오차가 발생한다. 경험 상 비디오 측정의 속도 조사 시 차량의 위치파악 간 최소 1초의 시간간격이 필요하다.

차두간격 측정의 정확성은 측정장소로부터의 시각과 거리에 관련 있다.

5.5 교통상충기법

교통상충기법의 기본 개념은 상충이 사고보다 훨씬 자주 발생한다는 것이다. 따라서 교통상충기법에서 안전관련 교통상황들은 사고를 유발하는 행태 또는 여건들을 감소하는 목적으로 분석된다. 여기에서 다음의 기준지표들이 활용된다(정확한 산출공식은 첨부 D에 제시).

TTC(Time To Collision)은 두명의 운전자가 자신들의 속도와 방향을 변경하지 않을 경우 충돌하게 되는 시간적인 간격(초)을 의미한다. 가능한 충돌에 대한 시간간격이 짧을수록 이 상황은 더 위험한 것으로 간주된다. TTC는 교통상황의 전체흐름에 대하여 산출된다. 이때 TTC_{min}이 상충 위험도 판단에 활용된다. 경미한 그리고 심각한 상충 간의 경계는 대부분 TTC_{min} 부근으로 1.5초로 정의된다. TTC 산출의 기본조건은 충돌곡선이다. 이는 양 운전자가 동일한 속도와 방향으로 동시에 동일한 장소에 위치할 경우에만 가능하다. 운전자들이 임의적으로 가까스로 "놓칠" 경우 TTC는 정의되지 않는다. 이로 인하여 상황이 "안전"한 것으로 표현되지 않고, 이러한 고려로부터 PET(Post Encroachment Time)가 도출된다. 이는 첫 번째 운전자가 상충면적을 통과하고 두 번째 운전자가 이 곳에 도착할 때까지의 시간차이로부터 산출된다. 이 "차두간격"의 크기는 상황을 평가하는 지표로 활용된다. 경미한 상황과 심각한 상황 간의 경계는 대부분 1초 정도로 간주한다. PET는 원칙적으로 모든 과정에 대하여 산출될 수 있다. 이때 첫 번째 운전자가 상충지역을 통과할 때까지의 시간은 무

의미하다. 최종 가능한 값(lastPET)이 교통안전의 평가를 위하여 사용된다. 이는 첫 번째 운전자가 상충지역을 통과한 시점이다.

두 원리에 있어서 "이미" 동일한 속도와 방향 변경이 없을 경우 충돌이 발생하는지 또는 안 하는지에 대한 판단이 이루어진다. 이를 피하기 위하여 어떤 반응의 강도가 필요한지에 대한 고려는 이루어지지 않는다. 동일한 TTC값에서 급정지 또는 가속페달에 대한 가압을 줄이는 것으로도 충돌을 피할 수 있게 된다. 이로써 사고를 회피하기 위해 필요한 반응의 강도가 교통안전의 평가를 위한 예측지표가 된다.

안전시간 tsafety 도달을 위한 필요한 감속이 DST(Deceleration to Safety Time)로 정의된다. 지표 tsafety는 이때 선택된 안전 시간을 나타낸다.

DST의 산출을 위하여 상충지역에 가장 먼저 도착한 운전자가 언제 여기를 어떤 위치에서 다시 떠났는지가 계산된다. 이는 충돌을 방지하기 위한 최소 지체 DST_0 산출을 위한 시공간적인 기준점이 된다.

5.5.1 │ 적용 가능성과 적용범위

특히 복잡한 교통상황일 경우 교통상충기법은 안전에 위협적인 여건이나 이로운 상황인지를 산출하는 데 도움이 된다. 사고분석이 충분한 근거를 갖고 이루어지지 않는 기존 상황일 경우 교통상충기법은 이를 매우 효율적으로 보완한다. 기법은 지점에서의 계측 또는 비디오나 컴퓨터 기반으로 수행될 수 있다.

5.5.2 │ 조직과 수행

지점에서 관찰자는 상충 확인에 대한 교육을 받아야 한다. 기록된 사례를 활용하여 정의된 상황에 대한 심각성의 상충 확인이 교육된다. 대략적인 일관성을 유지하기 위하여 첨부 자료에 사례가 제시되었다. 사례는 부정적인 상황은 물론 긍정적인 상황도 같이 설명되었다. 속도변화를 표현하기 위하여 사고분석의 심볼들이 활용된다. 그룹의 관찰자는 상충의 일관된 기준에 의한 확인이 가능하다. 여기에는 상충연계 상황의 확인과 안전관련 평가가 우선시 된다. 이는 필요할 경우 다른 상황과 또는 사전·사후비교에 활용된다.

복잡한 교통상황일 경우 관찰자에 대한 높은 능력 요구가 필요하다. 후속 상충, 넓은 범위에서 발생하는 상충 형성이나 교통흐름의 상충 등은 관찰자에 의하여 수집되기 어렵다. 특히 이러한 경우 영상기법과 컴퓨터 기반 교통상충기술이 투입되어야 한다.

5.5.3 | 오류발생

오류원은 기존 교통상충기술일 경우 관찰자에 의한 교통상황의 주관적인 판단에 기인한다. 이 경우 관찰자에 대한 교육이 중요하다. 사전 조사 시 관찰자의 관점에서 상충이 충분히 인지되고 기록될 수 있는지 검토된다. 이는 영상촬영에서도 유사하게 적용된다.

5.6 비디오 기술 적용방안

비디오 기술을 활용한 관찰은 직접적인 관찰에 비하여 매우 효율적이다. 아래 장점을 나열하였다.

- 복잡한 교통상황을 개관이 가능한 개별 과정으로 세분화하여 교통상황의 반복적 분석이 가능
- 예측 불가능하거나 갑자기 발생하는 상황의 효율적 인지
- 현장에 측정장치를 설치하여 관찰이 누락되는 것을 방지(관찰자가 불충분하게 배치되는 것에 비하여)
- 상황의 효율적인 판단을 위하여 다른 전문가와의 후속 협조가 가능
- 조사범위를 추후에 확장 가능 함

단점으로는 이와 같은 점들이 있다.

- 가시거리의 공간적 제약
- 대형 차량에 의한 투시거리 제약
- 기술적 조건(장비의 설치와 연결)

○ 높은 분석비용

분석에 있어서 관찰되는 특성과 행태가 충분히 확인 가능하여야 한다. 물체 측정을 위한 관찰이 수행될 경우 카메라 설치 위치와 설치 각에는 보다 높은 주의를 요한다. 촬영은 이때 보정된다.

5.6.1 │ 조직과 수행

비디오 카메라는 종류에 따라 다양한 데이터를 촬영한다. 촬영시간은 30시간 이상이 가능하다. 때로 촬영은 카메라가 스스로 일정 측정 기간 이후에 시스템적으로 종료될 수 있다. 이는 주변 환경조건이 여의치 않거나 전기공급이 불충분할 경우에 해당된다. 따라서 카메라, 설치위치와 전력공급의 적절한 선택에 유의하여야 한다. 빈번한 녹화로 인하여 해상도가 낮거나 촬영의 품질수준이 낮을 경우 디지털 비디오 영상을 데이터 저장장치에 보관한다.

카메라의 자동초점은 설치가 성공적으로 이루어진 이후 비능동화 한다. 이러한 방법으로 잘못된 초점 조정으로 인한 흐릿한 촬영을 방지할 수 있다(오염, 빗방울, 반사 등).

필요한 해상도는 적용범위와 필요한 정확도와 관련 있다. 거리가 측정되어야 할 경우 가능한 높은 해상도가 적용된다. 다음 단계로 영상좌표를 실제좌표로 환산하는 보정과정이 필요하다. 여기에는 2차원 계측이 가능한 투영모델이 활용된다.

이때 중요한 전제조건은 실제 바닥높이가 영상 바닥높이와 수학적 관점에서 동일하여야 한다는 점이다. 보정을 위하여 비디오 영상에서 명확하게 확인이 가능한 4개의 도로 지점이 필요하다. 이 점들로부터 공유의 직선 상에 2개 이상이 위치하여서는 안 된다[2]. 투영모델을 활용하여 영상 차원의 한 점은 실제 좌표의 한 점으로 배정된다. 화면에 2개 점의 위치가 알려지면 실제 좌표 상의 위치와 2점 간의 실제적인 거리가 산출된다.

물체 측정을 위한 영상 촬영의 각도가 측정의 정확도에 기준이 된다. 카메라 위치 높이, 카메라의 각도와 선택된 화면(Zoom)으로부터 결정된다. 가능한 관점에서 2개의 극점이 존재한다. 하나는 실제평면에 대한 평행이고, 다른 하나는 실제평면에 수직이다(참고 그림 5.6).

---

[2] 고공 측정은 3차원의 보정을 필요로 한다. 보정과 카메라 설치위치에 대한 요구조건이 까다로워 이들의 적용은 아직까지는 학문적인 측면에서만 효율적이다.

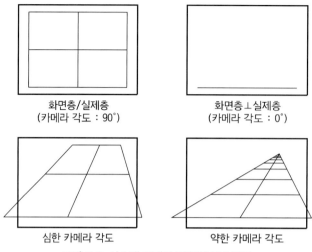

화면층/실제층
(카메라 각도 : 90˚)

화면층⊥실제층
(카메라 각도 : 0˚)

심한 카메라 각도

약한 카메라 각도

그림 5.6 시스템 표현의 다양한 계측각도

촬영각도는 측정기술적 분석을 위한 촬영의 적절성을 평가하는 데 중요한 조건이다. 원칙적으로 가능한 한 높게, 또 가파르게 카메라가 촬영을 하여야 한다. 이때 사용할 수 있는 면적은 가능한 많은 화면영역을 포함하여야 한다. 소실점은 촬영화면을 벗어나 있어야 한다. 카메라 설치위치가 낮을수록 카메라는 충분한 촬영면적을 확보할 수 있도록 카메라는 편평하게 설치되어야 한다.

편평한 카메라 각도는 조망 상심한 왜곡을 발생시키며 따라서 적정한 영역의 측정에만 적용되어야 한다.

데이터 수집 측면에서 실제평면에 대한 조망 각 평행이 최적의 조망각도이다. 이 경우 모든 운전자나 보행자는 2차원적으로 "비원근적"으로 표현된다. 어떤 대상도 다른 대상을 가리지 않으며 거리와 폭의 측정은 간단히 비례적으로 표현되고 거의 문제없이 읽어지게 된다.

이 조망각의 단점은 매우 작은 범위만이 촬영가능하며 예를 들어 교량 하부와 같이 실제 설치 가능한 위치가 제한된다. 긴 영역에 대한 행태관찰은 불가능하다. 고속으로 주행하는 도로의 경우 충분히 정확한 측정이 어려울 정도로 차량들이 화면에 오랫동안 체류하지 않는다. 차량은 화면에 최소한 2초 정도 수집되어야 충분한 측정을 위한 화면자료가 된다.

실제평면에 대한 수직 조망각에서는 횡단면 내 운전자의 거리 측정이 가능하다. 그러면 거리는 비례적으로 단순한 3 set을 통하여 차량의 폭과 간격이 산출된다. "Depth-Information"이 존재하지 않기 때문에 속도 측정은 불가능하다.

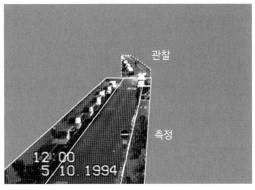

그림 5.7 도로촬영과 관찰을 위한 이용 가능한 화면

영상화면으로부터 데이터의 수집에 있어서 모니터의 영상점이 표식되고 실제좌표로 환산된다. 간격은 2점 간의 거리로 산출된다. 전체 화면(모니터)에 대한 영상점은 동일한 해상도를 가져야 한다. 조망으로의 전환을 통하여 픽셀은 다양한 차원(dimension)을 갖게 된다.

교통분석의 요구는 "엽서 형식"의 촬영과 같은 기존의 방식과는 많은 차이를 갖는다. 그림 5.7은 7 m 높이에서의 도시부 도로를 촬영한 것이다. 도로형태는 멀리까지 인식된다. 전체 도로가 잘 조망이 된다.

촬영 시 "분산" 형태의 조도(약간 구름이 낀)가 최적이다. 태양광은 강한 그림자를 유발하여 분석 시 어려움을 갖게 된다. 그림 5.8의 상단은 강한 그림자가 촬영면적의 넓은 부분에 있어서 분석이 어려운 것을 보여주고 있다. 또한 영상의 조망도 불량하다. 소실점은 영상 내에 있다. 영상의 많은 부분이 분석에 활용되기 어렵다. 하단은 좌측 차로가 부분적으로 그림자에 가려 있다. 조망각은 최적이다. 카메라는 도로 소실점 내 20 m 높이에 위치한다.

그림 5.8 그림자 문제

교통상황의 분석과 기록을 위하여 Screen-Shot이 이용될 수 있다. 이때 이용된 영상의 해상도가 비디오 촬영에 이용된 해상도와 최소한 동일하고 카메라의 영상점이 화면의 영상점과 일치하여야 한다.

5.6.2 | 보 정

보정은 비디오화면의 실제 좌표 측정의 전제조건이다. 이를 위하여 4개의 점과 이들 간의 거리가 서로 측정된다. 4개의 점은 가능한 한 정사각형의 형태로 비디오 테이프에서 명확하게 인식되어야 한다.

보정점을 묘사하는 사각형은 정사각형 또는 정사각형과 유사한 형태의 사다리꼴을 나타내야 한다. 보정 사각형이 삼각형과 유사할수록 모니터의 보정점이 정확하게 표식 되지 않고 분석 시 많은 오차를 유발하게 된다. 보정 사각형의 크기도 유사하게 적용된다. 보정 사각형이 작을수록 많은 오차가 발생하게 된다.

보정점은 이론적으로 관련된 계획서류로부터 추출될 수 있다. 그러나 현실에 있어서 적절한 점(차선표식, 맨홀 등)이 관련서류와 충분히 일치하지 않는 경우가 많이 발생한다. 정확한 측정에는 대부분의 경우 충분치 못하다. 일반적으로 보정에 필요한 점들은 현장에서 확보되어야 한다. 차선표식(예를 들어 차선표식의 모서리 등) 또는 각진 맨홀 덮개, 아니면 포장면 변경 지점 등이 적당하다. 영상에서 명확하게 확인되지 않거나 하나의 측정자로 정확하게 측정될 수 있는 점이 확보되지 못할 경우 보정 사각형은 확보된 점과 무관하게 결정될 수 있다. 이때 실제평면(예 : 도로)에 분필이나 작은 못으로 4개 점이 표식 된다. 사용된 백묵표시나 못이 비디오 영상에서 확인될 수 없으므로 이는 단기적으로 명확하고 잘 인식되도록 표시되어야 한다. 카메라의 조망각 변화 시(예 : 불충분한 지지) 새로운 보정이 필요하다. 따라서 표식은 차량통행으로 인하여 지워지지 않고 장기간 명확하게 인지되는 장소에 표기한다. 조망각이 변하지 않을 경우 한번의 표식으로 충분하다.

거리 측정은 컴퓨터 프로그램을 활용하여 영상화면상에서 이루어진다. 이때 CAD나 다른 그래픽 프로그램이 사용된다. 이들은 개별 영상의 단순한 평가를 가능하게 한다. 교통분석과 교통상충기술을 위한 분석시스템은 현재 개발 중에 있다.

5.6.3 정보보호

비디오 촬영을 활용한 관찰에는 정보보호 규정이 적용된다. 변하지 않는 행태에 대한 조사에는 관찰에 대한 고지가 필요하지 않다. 사람의 인식이 가능한 어떤 촬영도 진행되지 않도록 주의하여야 한다.

정보보호를 위한 추가적인 사항은 9장을 참고로 한다.

5.6.4 오류원

오류 발생은 적으며, 카메라 편집과 조망은 적절하지 않으며 분석대상 교통류의 불완전한 관찰만이 허용된다.

5.7 항공사진

5.7.1 기법 특성

항공사진은 매우 높은 고도에서 특정 순간의 교통상태들이 수집된다. 대규모 인프라 영역에 대한 정보의 동시성이 특징이다.

5.7.2 적용분야

항공사진은 모든 교통수단의 교통밀도와 예를 들어 주차점유와 같은 정적인 분석을 위한 관찰에 적절하다. 항공사진은 고비용이기 때문에 다른 방법을 통하여 정보들이 수집되지 못할 경우에만 적용된다.

추가적인 적용범위는 매우 많은 조사인력이 투입되거나 모든 정보의 동시적 수집이 확보되기 어려운 대규모 조사지역일 경우이다.

대부분의 도시에서는 항공사진이 활용 가능하다. 이는 교통측면의 조사목적과는 무관하게 수행되나, 촬영시점에 대한 교통상황의 평가에 있어서 착오를 발생시킬 수 있게 된다. 항공사진은 무료로 이용 가능한 인공위성 사진일 경우도 있다. 이들은 예를 들어 조사를 위한 준비를 위하거나 교통시설물 배치의 초기계획에 활용될 수 있다. 이때 사진의 촬영시점을 유의하여야 한다. 아울러 제공자의 이용조건도 유의하여야 한다.

5.7.3 | 조직과 수행

항공사진 수행 이전에 항공사진의 높이를 결정하는 필요한 정확도(차량 수, 보행자 수 등)를 결정하여야 한다. 나아가 촬영영역(동시성)과 촬영의 시간 간격을 조사목적에 따라 선택한다.

5.7.4 | 오류원

항공사진은 다양한 요인에 의하여 이용에 제약이 있다. 나무, 숲에 의한 그림자와 건물 등으로 인한 가시거리 제약은 조사 대상의 시인성에 영향을 미치게 된다. 촬영비행 중 변경된 조망각을 통하여 교통수단 위치결정의 시간적 순서에 많은 제약이 발생하게 된다. 항공사진으로부터 일반적으로 속도는 수집될 수 없다.

5.8   데이터 분석과 데이터 기록

데이터 분석은 조사목적에 부합되어야 한다. 대부분의 경우 Office-Program이 분석에 충분하다. 어떤 경우에는 상황들이 다이어그램이나 표가 아닌 비디오 영상을 통하여 더 효율적으로 기록될 수 있다. 인쇄된 형태일 경우 교통흐름은 Screen-Shot으로 나타낸다. 속도가 중요할 경우 상황의 표시 영상에 대하여 시간간격이 동일하거나 최소한 영상에서 선택된 시간간격이 제시되어야 한다.

문서에는 관찰의 조사 여건들이 설명되어야 한다. 여기에는 관찰기간, 카메라 설치위치, 기상조건과 기타 조사와 관련된 상태에 대한 정보들이다. 또한 조사 시 가정과 분석형태가 결정되어야 한다. 지표들이 주관적으로 추정될 경우, 어떤 주관적인 측정지표들이 적용되었는지를 기록한다. 이는 특정 상황의 기록과 설명을 통하여 이루어진다.

비디오의 단일 영상 또는 지속 촬영의 저장에 있어서 명확하고 설명이 용이한 파일명을 부여하고 적절한 파일 폴더로 저장하여야 한다. 파일명은 상황이나 조사시점을 암시할 수 있어야 한다.

설문조사

Department of Civil Eng. Major: **Traffic Engineering**

6.1 적용범위

통행설문조사는 통행지표와 행태 데이터를 수집한다. 조사가 개인별 정보에 무관함에 반하여 설문은 교통참여자의 여건과 필요할 경우 결정근거에 대한 정보도 수집할 수 있다.

교통은 개인별 행태의 일부이다. 이는 사회적, 개인적 여건에 영향을 받게 된다. 여기에는 통행자의 개인적인 특성이나 희망, 관심과 주관 등이 포함된다.

원칙적으로 통행설문조사는 설문이 수행되는 지역과 주소 등에 의하여 구분된다(그림 6.1).

가구설문조사는 정해진 기간 동안(예 : 일, 주 등) 정의된 지역 내 거주자의 교통참여에 대한 단초를 제공한다. 통행지표뿐만이 아니라 인적 사항도 수집된다. 이들은

- 사람들의 정형화(예 : 생활과 통행행태, 공간적으로 다양한 구조에 기반한)
- 사람과 사람그룹의 정형적인 행태(교통수단 선호도)

에 활용된다.

예를 들어

- 전략적 계획(교통과 도시계획)
- 대책의 검증과 개발
- 교통망 계획
- 교통모델

에 활용되기도 한다.

행동이 발생되는 장소에서의 설문은 방문객이 어디서 왔는지, 점유율과 다른 통행과 운행지표에 대한 정보를 제공한다. 설문은 교통분야에 있어서 다음을 위한 적절한 기본정보를 제공한다.

- 주차시설의 계획과 규모결정

그림 6.1 설문기법 개요

○ 도로안내 등

교통시스템 내 설문은 해당되는 통행이나 운행 관련 지표들을 수집하는 데 이용된다. 도로공간이나 주차시설 또는 공공 교통시스템 내에서 수행된다. 결과는 다음에 활용된다.

○ 교통망과 노선계획
○ 교통시설의 계획과 규모결정(예 : 주차시설)
○ 수입배분, 요금계획, 노선별 수입계산
○ 통과교통 비율 산정 또는 대중교통 내 환승관계

운송회사와 회사설문조사는 교통부문에서 화물운송이나 업무관련 통행과 운행지표에 대한 데이터를 수집하는 데 활용된다(예 : 목적지, 출발지, 통행거리). 이외에 고용인과 전체차량에 대한 데이터가 수집된다. 이들은 다음과 같은 분야에 활용된다.

○ 화물교통을 위한 교통망 계획
○ 대책의 검증과 추가 개발
○ 교통과 도시개발계획

자동차 소유자 설문조사는 차량관련과 차량 관련지표(예 : 출발지, 목적지, 통행거리)를 수집하는 데 활용된다. 예를 들어 운행거리와 연료소모 수집을 위해 활용된다. 차량소유자 설문조사는 다음과 같은 분야에 적절한 사항을 도출한다.

○ 대책의 검증과 추가개발
○ 교통모델 내
○ 교통과 도시개발계획 내

다양한 설문기법이 6.3에서 6.7까지 상세히 설명된다. 6.2는 먼저 다양한 교류형태, 설문지 개발과 조사요원의 모집과 관리 및 설문 시 다양한 오류에 대한 설명이 이루어진다.

6.2 기본적인 기법안내

설문의 사전조사, 수행과 안내에 대한 기본적인 흐름은 조사의 일반적인 흐름에 준한다

(그림 1.2 참고). 다음의 사항은 모든 설문기법에 대하여 전반적으로 적용된다.

설문 사전 조사 단계에서 설문이 계획공간 내에서 이루어져야 하는지 그리고 언제 마지막 설문이 수행되었는지 또한 교통망상에 큰 변화가 있었는지와 조사 수행 바로 이전에 교통공급에 변화가 있었는지에 대한 정보를 수집한다. 조사들은 가능한 조정된다. 현상에 대한 급격한 변화는, 예를 들어 교통망 또는 교통공급 내에서, 조사 이전에 분석목적에 대한 영향 측면에서 검증되어야 한다.

통행설문 계획 시 조사설계에 반영되어야 할 다음과 같은 결정들이 이루어져야 한다.

- 하루 또는 며칠동안 조사가 수행되어야 하나?
- 설문은 한 번 또는 반복적으로 수행되어야 하나?
- 설문대상은 한 번 또는 반복적으로 질문을 받게 되나?

보고되는 조사 일 또는 설문 기간은 조사 이전에 결정되어야 한다.

이러한 결정과 관련하여 교통학에서 다음과 같은 분석설계가 구분된다(비교: 표 6.1).

이와 연계된 결정사항들은 다음과 같다.

- 설문 기법
  - 가구 설문
  - 교통시스템 설문
  - 현장 설문
  - 직장 설문
  - 차량소유자 설문

표 6.1 교통학 내 분석설계

분석설계		설명
횡단분석		하루 조사일의 통행인 샘플의 1회 설문
종단 분석*	다수일 설문	다수의 연결된 조사 일로 구성된 기간 동안 통행인의 샘플 1회 설문
	반복 설문 (동일 설문/추세 설문)	최소 1일 표본일 또는 기간 동안 새로운 통행인 표본을 갖고 가능한 동일한 설문의 반복적 수행
	패널 설문	최소 1일 표본일 또는 기간 동안 동일한 통행인 표본의 반복적 설문

* 종단설문의 의미는 다중적이고 오랜 기간 동안 반복적으로 수행되는 설문의 상위 개념이다. 이 표의 종단설문 분류에 설명된 설문종류는 가장 활용이 많이 되는 것 들이나, 모든 종단설문을 설명하지는 않는다.

- 활용되는 통신형태
  - 서면
  - 유선
  - 기타 형태(예 : 인터넷)
- 표본추출
- 설문내용과 구성
- 데이터 처리, 가중치와 전수화 기법

설문기법은 특정한 추출기법과 밀접하게 연관된다. 예를 들면 서면 – 우편 가구설문은 주민등록표본과 연계하여 이 연계는 그러나 의무적인 것은 아니다. 추출기법의 결정은 해당되는 분석목적과 밀접하게 연관되며 설문기법의 선택과는 관련성이 낮다.

조사설계 결정 이후 설문 수행 시 다음과 같은 행정적 측면들이 다루어진다.

- 정보보호
- 홍보
- 조사대상자에 대한 조사 서비스(예 : (무료)전화번호, 조사사무실 또는 이메일 주소)
- 회신율 조절

초기에 정보보호 담당자와 다른 관련된 담당자와 협의하도록 한다(예 : 관공서, 경찰).

홍보업무에서 지역 언론과의 연계가 필요하다. 설문에 따라 정보전달의 형태와 상세 수준과의 관계를 비교하여야 한다. 가구설문 조사 시에는 참여율을 높이기 위하여 종합적이고 명확하게 정보가 전달되어야 한다. 교통시스템 내 설문 시에는 이에 반하여 경로선택 변화에 따른 왜곡을 방지하기 위하여 일반적인 정보(예 : "Mueller Street에서의 설문" 대신에 "도심 일부 도로에서의 설문")를 제공하는 것이 도움이 된다. 언론 대리자에게 홍보자료를 전달한다. 조사 중과 첫 번째 조사결과 처리 이후에도 언론이 참여하도록 한다. 필요할 경우 인터넷 매체도 활용한다.

조사 서비스에는 최소한 하나 이상의 현장 사무실 전화번호나 주소 제공이 포함된다. 이를 통하여 다음과 같이 영향을 미치게 된다.

- 설문 기입 시 질문에 대한 보조
- 질문의 타당성과 조사목적 제공에 따른 동기 부여
- 조사 누락 원인 기입

o 필요할 경우 신규 발송

회수율 통계를 위하여 모든 조사단위에는 하나의 처리번호가 부여된다. 회수율 통계는 주기적으로 실제화되고 언제든지 표본 여유분에 대한 검증을 가능하게 한다. 회수율에 따라 회수율 증가방안이 필요한지, 어떤 방안(예를 들어 회상 고지, 설문지 신규발송, 전화)이 강구되어야 하는지를 결정한다.

6.2.1 | 통신형태/설문기술

3개의 전통적인 통신형태(서면, 조사원과 전화 설문)는 컴퓨터의 지원 없이 또는 지원으로 수행될 수 있다(비교 : 표 6.2). 이때 컴퓨터 지원 설문의 다양한 기술들은 원칙적으로 새로운 조사방법이 아니라 기존 설문형태의 추가개발이나 최적화이다. 이외에 기존 조사원이 포함되지 않는 추가적인 컴퓨터 지원 기법이 있다.

컴퓨터 기반 조사에 대한 상세한 설명은 "개별 통행행태 컴퓨터 기반 조사 기법 해설(2004)"를 참고한다.

조사목적에 따라 다양한 통신형태의 복합적인 투입이 효율적일 수 있다. 이때 조사 중 필요할 경우 다양한 단계에서 서로 다른 통신형태를 활용하거나, 또는 설문 답변에 다양한 통신형태를 허용하는(예를 들어 서면 – 우편 설문지 기입 또는 전화상 설문지 답변) 것도 구분하여야 한다. 후자의 경우 높은 방법론적 요구사항을 필요로 한다.

표 6.2 통신형태

기존	컴퓨터 지원
서면	컴퓨터 지원으로 자체적 입력(CASI : Computer-Assisted Self-Interviewing)
조사원	컴퓨터 지원으로 조사원 입력(CAPI : Computer-Assisted Personal Interviewing)
전화	컴퓨터 지원으로 전화(CATI : Computer-Assisted Telephone Interviewing)
	그 외 추가적인 기술지원 기법(예 : Mobile-과 GPS-기반 조사)

6.2.1.1 서면

전통적인 서면 설문 시 설문자는 조사서류를 스스로 기입한다. 서류는 우편이나 조사원에게 전달된다. 기입 후 서류는 수거되거나 설문자가 조사 수행기관으로 재발송한다. 컴퓨터 지원, 서면 설문 시 설문자는 설문지를 이메일 또는 접속데이터를 활용하여 링크에 접속한다.

서면 설문조사에서 설문지는 설문지 자체로 이해가 가고 명확하게 설계되어야 한다. 추가적으로 컴퓨터 지원 서면설문 조사에서는 설문지가 모든 웹 브라우저에서 해독이 가능하도록 기술적인 조건들을 충족하여야 한다. 컴퓨터 지원 설문은 조사내용이 기존의 인쇄된 설문방식으로는 수집되기 어렵거나 컴퓨터를 활용하여 입력이 쉬울 경우 적당하다(예 : 통행계획 행태조사 또는 공간기반 입력).

CASI 설문 설계 시 다양한 상용화된 SW도구와 제작사가 있다. 서면설문조사 시 설문자를 위한 질의가 가능하도록 접촉 방법(예 : 전화 hot line 또는 이메일 주소)을 제공하여야 한다.

표본 추출 모집단으로써 주민등록 또는 다른 주소록이 활용될 수 있다. 전화번호 표본은 유선전화기의 감소와 동시에 전화번호부에 등재되지 않은 핸드폰의 증가가 문제가 된다. 대안으로 Random Route기법이 적용될 수 있다. 정해진 추출계획에 따라 계획범위 내 주소가 우연적으로 산출된다. 특히 조사자료를 개인적으로 전달할 경우 Random Route 기법은 매우 효율적이다.

주민등록부로부터 표본을 추출하는 데에는 비용이 수반된다. 하지만 이 방법이 추천된다.

회수율을 제고하기 위하여 여러 가지 기억을 다시 살릴 수 있는 방안이 수행된다. 무응답자들에 대한 회상 우편과 필요할 경우 신규로 조사서류를 발송하거나 새로운 조사 일자를 알려줄 수 도 있다.

서면설문은 기본 조사로서 다른 방법들과 연계될 수 있다. 예를 들어 설문자로부터 기입되어야 할 우편으로 발송된 설문지의 내용들이 설문 수행인원으로부터 전화통화로 수집될 수 있다. CASI Online 설문도 다른 기법 등과 조합이 가능하다. 이 기법은 예를 들어 추가적으로 시공간적 내용에 대하여 자동적으로 수집된 정보에 대한 보완 데이터(예 : 교통수단, 통행목적)를 확보하기 위하여 핸드폰이나 위성 지원 설문을 활용할 수 있다.

6.2.1.2 전화 설문

일반적으로 컴퓨터 지원이나 전화설문 조사에서 설문은 교육을 받은 요원에 의하여 수행된다. 피설문자는 화면 상의 질문을 읽고 설문자가 전화 상으로 응답하는 내용을 직접 데이터 뱅크에 입력한나. 인터뷰 동안 타당성 검증이 동시에 이루어지고 필요할 경우 확인 질문이 이어진다. 질의순서, 답변검증과 필터링 순서는 컴퓨터가 수행한다. 설문자가 사전에 인쇄된 상기 용지(첨부 참고)를 받아보아 기억을 되살려 전화응답 시에 활용토록 하는 것이 바람직하다. 이를 통하여 설문자의 필요한 기억능력을 되살리고 인터뷰 소요시간을 줄일 수 있게 한다.

전화설문의 효율적인 투입에 있어서 중요한 것은 전화번호 확보를 위한 추출기법이다. RDD(Random Digital Dialing) 또는 전화번호부를 이용한 수집단위 선택이 적절하다. 전화번호부 표본 시 문제는 등록되지 않은 사람들로 인한 전화번호부의 불완전성을 간과해서는 안 된다. 고정 유선전화를 갖고 있지 않는, 즉 전적으로 핸드폰에 의존하는 사람들은 등재되어 있지 않아 선택될 수 없다.

개선 방안으로 주민등록부 표본을 활용한 주소데이터의 선택이 가능하다. 이때 전화가 없는 사람들을 선택하는 것을 방지하도록 한다. 이는 추가적으로 전화번호부의 확인과 서면 –우편 접촉의 병행을 필요로 한다.

특정 시간대에 접촉이 어려운 인구그룹(예 : 직장인과 은퇴자)와 같이 평균 이상으로 접촉이 가능한 그룹 및 모든 인구그룹이 유사한 정도로 접촉이 가능한 시간대는 17시에서 21시이다. 접촉이 안될 경우 다양한 시간대에 다수의 시도가 필요하다. 정확한 시간약속을 할 수 있는 가능성을 모색한다.

전화인터뷰는 우편을 통하여 전화하는 것에 대한 통보가 필요하다.

전화설문은 서면이나 대면을 통한 설문에 대한 신속한 대안이다. 때로 전화설문은 표본을 모집하는 데 활용되어, 서면 설문의 참여여부를 알아보고, 가구나 교통계획과 관련된 데이터들에 대한 사회인구적인 질문에 응답하는 데 활용된다. 비교적 적은 핵심 질문으로 예를 들어 장거리 통행자와 같은 "극소수 인구그룹"을 걸러낼 수 있으므로, 이러한 그룹에 대한 의도적인 설문을 위하여 CATI의 투입이 적용된다. CATI 적용을 통하여 이러한 인구그룹에 대한 충분한 표본규모를 비교적 저렴한 비용으로 모집할 수 있다.

6.2.1.3 대면 설문

대면 설문은 설문자와 피설문자가 직접 대화를 교환한다는 특징이 있다. 피설문자는 인터뷰를 위한 설문지를 지참하고 설문자와 같이 설문지를 기입한 후 다시 갖고 간다. 일반적으로 대면 인터뷰는 개별 설문으로 수행된다. 대면 인터뷰에서 어렵게 수집되는 조사내용들이 설문자에게 가깝게 물어볼 수 있다. 행태에 대한 배경 정보, 선호도와 주관 등이 대면 인터뷰에서 특히 효율적으로 수집된다.

이러한 설문 내에서 질의된 정보들이 바로 컴퓨터에 수집된다(CAPI). 인터뷰는 녹화되고 추가적인 정보들이 추후에 분석될 수 있다. 질의에 대한 답변에 도움을 주기 위해 설문자에게 그림, 지도, 응답스케일 등의 자료가 제시될 수 있다. 적용영역은 기존의 대면 인터뷰와 유사하다. 두 기법은 비교적 높은 인건비로 소수의 표본규모에 적용된다.

전통적인 주소추출기법(예 : 주민등록 표본, Random Route기법)이 적용된다. 대면 인터뷰에는 추출기법에 따라 방문에 대한 우편을 통한 사전고지나 전화를 통한 약속이 선행된다.

대면 설문 수행을 위한 결정은 설문 목적뿐만이 아니라 조사대상 인원에 대한 접근성이 중요하다. 예를 들어 소규모 계획 프로젝트를 위하여(예 : 지역 내 우회도로 계획) 도로망 이용자에 대한 정보가 필요할 경우, 이러한 데이터들은 대면설문을 통하여 수집된다. 이러한 대면설문의 종류는 이른바 Plan-Play(7장 "가설적 상황의 행태반응 수집"에서 비교)에서 적용된다.

6.2.1.4 기타 교류형태

이동통신 기반 조사기법은 설문과 관찰과의 조합으로 표현될 수 있다. 교통행태를 설명하는 지표들은 부분적으로 자동적으로, 즉 교통당사자의 참여 없이(은밀형 설문과 유사하게), 부분적으로 직접 설문을(설문과 유사하게) 통하여 수집된다. 이동통신 기반 설문에서 통행목적이나 교통수단과 같은 정보들은 컴퓨터 기반 자체설문으로(CASI) 수집된다. 통행의 출발지, 목적지와 경로와 같은 지역 기반 데이터들은 자동으로 수집된다. 조사 참여자는 작동 상태에 있는 지속적으로 위치를 파악하는 핸드폰을 지니고 다니게 된다. 설문자에게 핸드폰을 주거나 본인 핸드폰에 필요한 소프트웨어를 설치한다. 자동적이고 지속적인 위치파악을 통하여 광역교통망에 대한 경로수집이 어느 정도 타당한 경비로 가능하다. 여러 날에 대한 조사 시 기존 기법들에 비하여 낮은 피로감을 느끼게 된다. 비응답이나 입력오류는 조사일이 증가하며 줄어들게 된다. 이러한 장점에도 불구하고 이동통신 기반 설문은 몇 가지 위험을 내포하고 있다. 여기에는 조사 참여자가 핸드폰을 잊거나 의도적으로 위치파악을 알려주고 싶지 않을 경우 핸드폰을 꺼 놓는 경우이다. 또한 불량한 수신호와(예 : 지방부)와 상대적으로 부정확한 위치파악도 단점이다.

인공위성 기반 조사 시 위치와 시각 수집은 설문자의 개입 없이 자동적으로 이루어진다. 기법은 이동통신 기반 조사에 비하여 더 정확한 위치를 파악하게 한다(약 15 m, Differential-GPS 0,01~5 m 가정 시). 수신기를 통하여 인공위성 기반 위치와 시각이 지속적인 간격으로 높은 정확도로 수집된다. 터널, 경사진 도로 또는 건물 내에서 신호변동이나 신호누락이 발생할 수 있으나, Dead-Reckoning 방법 등을 통하여 보완될 수 있다. 조사기간 동안 설문자가 조사 시 확보하게 되는 장치 내 데이터에 저장된다. 분석을 위하여 저장된 위치정보가 읽혀지고 계속 처리된다. 추가적인 정보(통행목적, 교통수단 등)는 예를 들어 추후의 전화설문이나 설문자의 입력모듈과 연계하여 실현된 행태 시점으로 입력될 수 있다.

표 6.3 교류형태 장단점

구 분		장 점	단 점
서면	기존 서면설문	• 응답시간과 시점은 설문자 스스로 결정한다(시간적 압력 없음). • 설문인원을 통한 영향 없음 • 조사서류는 통행 시 지참하여 바로 기입할 수 있다.	• 설명을 할 수 없고 동기를 부여할 수 없음(예를 들어 이해의 어려움) • 설문자가 직접 서류를 작성하였는지에 대한 확인이 어려움 • 표본회수의 통제가 어려울 경우 수행의 어려움 • 데이터 입력 비용
	컴퓨터 기반 설문	• 전통적인 조사기법 보다 "단순함"(자동화된 필터 질의, 관련 없는 질문 생략 등). • 데이터는 바로 디지털 형태로 저장	• 이메일 주소와 인터넷 접근여부가 항상 확보되지 않음 • 대표적인 표본 추출이 어려움 • 설문자의 기술적인 이해가 전제 됨
대면	컴퓨터 지원 또는 미지원	• 설문자에게 직접 접촉 • 직접 의문사항 문의와 높은 회수율 및 낮은 왜곡 • 타당성 검증은 데이터 수집 시 바로 수행됨(CAPI에 해당)	• 설문요원에 의한 영향 가능 • 세밀한 교육 필요 • 설문요원 고용에 따른 높은 인건비 • 사전 전화를 통한 약속이 필요
전화	컴퓨터 기반 설문	• 타당성 검증은 데이터 수집 시 바로 수행됨 • 설문요원의 직접적인 조사 통제 가능 • 추가적인 서류 등이 정확한 수량으로 발송 가능	• 대화는 시간과 내용적인 측면에서 많은 제약 • 설문자의 전화 - 인터뷰 - "짜증 유발" • 설문요원에 의한 영향 가능 • 대리 설문을 통한 오류 가능 • 세밀한 교육 필요
추가 형태	이동통신 지원 설문	• 적은 부담으로 오랜 보고기간이 가능 • 통행목적, 교통수단이 핸드폰 입력으로 동시에 파악 가능 • 낮은 신호누락	• 특정 질문에 대하여 위치수집 정확성이 충분하지 못함 • 높은 데이터 부담과 어려운 분석
	인공위성 지원 설문	• 적은 부담으로 오랜 보고기간이 가능 • 높은 위치수집 정확성 • 통행빈도와 매우 짧거나 긴 통행의 거리 수집에 높은 데이터 품질 • CASI를 통한 통행목적과 교통수단 수집 가능	• 인공위성 지원 장비/핸드폰 지참 필요 • 신호누락 가능(터널, 꺼진 도로, 열차 내) • 장비의 발송과 회수 필요 • 높은 데이터 부담과 어려운 분석

6.2.1.5 다양한 교류형태 장단점

기법조합에서 예를 들어 서면 우편에 컴퓨터 기반, 전화 인터뷰를 보완하게 되면 추후 가중치나 전수화에서 고려하여야 할 사항들이 발생한다.

6.2.2 | 설문지 개발

설문지 개발 시 내용적 구성, 시각적 배치와 특히 설문구성이 이루어진다. 이어서 설문지를 검토하고(Pretest) 필요할 경우 보완한다.

6.2.2.1 설문지 구성

모든 설문지는 설문자에 대한 작성 부담과 피설문자의 정보욕구 간의 조화를 이루어야 한다. 설문지 구성 시 개별질문의 순서는 예를 들어 심리적인 측면이 중요하고 분석적인 규칙은 덜 준수하게 되며 여기에는 다음과 같은 사항을 유의한다.

- 적절한 제목과 기입안내를 한다.
- 긴장 곡선 유의(쉬운 도입 질문, 간단한 것에서 복잡한 질문, 일반적인 질문에서 특수한 질문)
- 무조건 응답하여야 하는 질문은 때로 중단될 수 있는 질문 앞에 배치한다.
- 질문순서를 주의(다른 질문의 응답에 영향을 미치게 되는 질문들은 나중에 배치)한다.
- 타당하지 않은 응답을 검증하고 필요할 경우 검증할 수 있는 통제 질문을 활용
- 필터 질문은 불필요한 질문을 방지한다(필터는 명확하게 함).
- 안내 사항에 대한 개방된 칸과 설문자의 특별한 의견은 가능한 한 설문지 마지막에 배치한다.
- 너무 긴 설문지는 피한다.
- 참여에 대한 고마움을 전한다.

6.2.2.2 설문지개발과 질문구성

질문 구성 시 질문-작성자의 분석에 대한 생각을 염두에 두어서는 안 된다. 설문자의 관점에서 구성이 되어야 한다.

질문은 이해하기 쉽고 동일한 의미로 설문자에게 인식되어야 한다. 이를 구체화하기 위해 질문 구성 시 다음과 같은 관계를 유의한다.

- 설문자가 조사대상에 대하여 어떤 여건에 놓여있는지?
- 어떤 정보가 설문자에게 가정이 되어야 하는지?
- 어떤 조사여건이 가정이 되어야 하는지?

질문은 단순하고, 짧고, 명확하고, 구체적이고 중립적이어야 한다. 다음과 같은 기본 방침들을 유의한다.

- 짧고, 이해가 쉬우며 충분히 정확한 구성(간단한 문장, 관료적이지 않아야 함)
- 표준어, 사투리 등 배제
- 반복되는 부정문 주의
- 응답분류는 명확하고, 완벽하며, 정확하고, 중첩되지 않음
- 유도심문 배제(이 경우 응답이 특정 방향으로 유도될 수 있음)
- 강한 의미를 갖는 단어에 유의(강한 긍정이나 부정을 내포하는 단어는 설문 반응에 영향을 미침)
- 다차원적인 질문 배제
- 가능한 한 간접적인 질문 배제(긍정적인 구성)
- 설문자에게 과도한 부담이 없도록

질문구성과 관련하여 3개의 질문형태로 구분한다.

- 개방형 질문 : 응답 예시가 주어지지 않는다.
- 반 개방형 질문 : 선택하는 응답 예시가 주어지고 아울러 개인적인 추가 응답을 위해 빈 여백을 제공한다.
- 폐쇄형 질문 : 모든 응답 예시가 주어진다.

응답분류 제시 시 일반적인 빈도를 나타내는 "자주", "거의", "없음" 등은 피하도록 한다. 이러한 형태의 응답은 주관적인 추정이 객관적인 데이터로 해석될 수 없기 때문에 비교를 불가능하게 한다. 필요할 경우 "일주일에 한 번" 정도의 빈도 주기를 제시하는 것이 추천된다.

통계지표의 산출과 통계 테스트 수행을 위하여 응답예시에 scale을 활용하는 것이 중요하다. 다음과 같이 구분된다.

- Nominal scale : 순서가 없는 특성표시(예 : 예/아니오, 성별, 통행목적 등)
- Ordinal scale : 순서를 구성하나 그 간격은 정량화되지 않는 특성지표(예 : 호텔 등급)
- Metric/Cardinal scale(간격 scale) : 간격을 정량화하는 순서가 구성됨(예 : 연령, 통행시간, 거리)

모든 질문에 대하여 추후 데이터 처리를 위하여 예상되는 응답들이 어떻게 암호화되는지를 결정한다. 모든 응답에 명확한 값이 부여되는 Code-plan을 활용한다.

6.2.2.3 설문지 테스트(Pretest)

검증되지 않은 설문지는 신뢰도를 Pretest로 검증한다. Pretest를 통하여 다음과 같은 내용들이 검증된다.

- 설문지가 심리적으로 잘 구성이 되었는지?
- 필터 구성, 즉 질문의 도약이 이해가 가는지?
- 통제 질문이 작동하는지?
- 그래프적인 구성이 이해가 되는지?
- 모든 질문이 정확하게 이해가 되는지?
- 표현이나 제시가 명확하고 모든 설문자에게 동일한 의미를 갖는지?
- 응답분류가 명확하고, 충분히 구분이 되며 완전한지?
- 유도심문이 배제되었는지?
- 응답에 따른 시간적인 부담이 허용할 수준인지(인내심과 주의력 한계)?

이와 같이 처리되고, 검증되며 최적화된 설문지는 분석 질의에 응답할 수 있기에 적절하다. 다양한 교류형태가 하나의 설문에 조합될 때, 다양한 설문도구 내 질문 구성이 동일하여야 한다.

설문지 구성 사례가 첨부에 제시되었다.

6.2.3 조사인력 모집, 교육과 관리

신뢰성 있는 설문결과의 중요한 가정은 신뢰감 있고 투입 준비가 된 조사 요원들이다. 요원은 설문 조사 투입 시 효율적인 대화가 가능한지에 대한 검증이 필요하다.

조사 시점 이전 교육 시에 다음과 같은 사항들이 처리된다.

- 조사 목적과 추후 수집된 조사결과의 활용
- 인터뷰 내용
- 인터뷰 진행(구성, 질문 구성, 코딩)
- CAPI 시 노트북과 SW 이용방법
- 조직운영(업무계획, 투입계획, 인건비 정산, 문서 설문지일 경우 배송, CAPI 시 데이터 전송)
- 업무분담(계측 및 설문인원, 관련 기관)

교육자료로 위에서 언급된 사항들을 정리하여 조사요원들에게 배포한다.

인터뷰 진행은 현실감 있는 연습과 대역으로 준비한다(예 : 노선운행에서 표본 추출). CAPI 시 교육 부담이 전통적인 대면 인터뷰에 비하여 높다.

전문조사 기관을 통한 조사요원 모집, 교육과 동기부여에 있어서 다양한 대책의 조합이 현장작업의 높은 품질을 보장하게 된다.

다음에는 현장작업 시 품질을 보장하는 대책들이 설명된다.

- 최초 투입 후 조사요원의 입회 하에 결과 통제와 직접적인 통보(예 : 칭찬 또는 비판과 동기 촉발)
- 총 조사시간 동안 작업결과의 표본 통제
- 현장에서 개방 또는 은밀한 관리
- 현장 확인
- 능력 있는 조사요원과의 접촉 체계 구축
- 현장사무실의 충분한 개발시간, 전화-핫라인 제공
- 빠른 데이터 수집
- 조사진행의 문서화

6.2.4 인센티브

설문 시 인센티브 제공을 통하여, 특히 서면-우편 형태에서, 조사 결과가 향상된다. 패널 설문에 있어서 특히 설문길이와 복잡성에 따라 다양한 형태의 인센티브가 이용된다. 금전적인 혜택 이외에 예를 들어 로또, 우표 또는 기부 등이 활용된다. 가장 효율적으로 회수율을 가장 높이는 효과는 금전적인 혜택이다. 어떤 경우에도 물질적인 혜택을 너무 높게 제공하여서는 안 된다. 그럴 경우 설문자 측면에서 인센티브가 상징성을 갖는 "작은 고마움"임을 잊게한다. 설문자는 높은 인센티브로 참여와 비참여에 대한 선택의 자율성을 침해 받았다고 생각하여 비참여로 결정하게 되는 경우가 많다.

표본구성의 왜곡을 방지하기 위하여 인센티브가 참여의 주요 동기가 되지 않도록 한다. 비금전적인 인센티브도 조사대상과 무관하게 선택되어 참여 설문자가 인센티브에 대한 매력으로 인하여 실제 생각에서 벗어나는 응답을 하지 않도록 하여야 한다. 예를 들어 주유권의 발송은 승용차가 없는 가구는 승용차가 있는 가구에 비하여 이러한 인센티브로 더 매력을 갖지 않아 참여를 거부하게 되어 인구대표적인 가구설문에 적절하지 않다.

설문자에게 참여에 따른 인센티브가 주어질 경우, 인센티브의 형태가 메타데이터에 대한 설명으로 문서화된다. 품질 측면에서 조사와 목적그룹에 특화된 참여에 대한 중립적인 매력을 형성하여 인센티브의 종류와 규모가 응답의 왜곡을 초래해서는 안 된다.

6.2.5 | 오류원

설문의 정확도는 조사의 유효성과 신뢰성을 통하여 결정된다. 효율성은 투입된 설문기법이 수집되어야 하는 것들을 얼마나 정확하게 수집할 수 있는지에 대한 정보를 판단하게 한다. 예를 들어 질문이 정확하게 이해되었고, 잘못된 진술을 확인할 수 있는지? 신뢰도는 개발된 조사도구(설문지 등)가 얼마나 정확하게 수집되어야 하는 특성들을 조사시간과 무관하게 수집할 수 있는지를 판단하게 한다. 예를 들어 동일한 질문이 반복되는 설문에서 다양하게 이해되는지? 등으로 표본 이론에서 통상 다음에 언급된 오류 형태들이 구분된다.

설문에 있어서 가능한 시스템적 오류의 범위는 그림 6.2에서 파악한다.

표 6.4 오류 형태

오류 형태	표본 추출과 관련한 우연적인 오류이다. 불가피하며 표본 이론으로 추정 가능하다.
시스템적 오류	측정 오류 "측정과정"을 통하여 발생하는(예 : 적용된 설문지) 비표본 오류이다. 설문자는 물론 피설문자에서 오류원으로 발생하여 자주 정성적인, 더 자주는 정량적인 판단에 영향을 미친다. 이외에 추가적인 비표본오류가 발생한다. 예를 들어 추출원리 또는 응답누락 등이 있다.

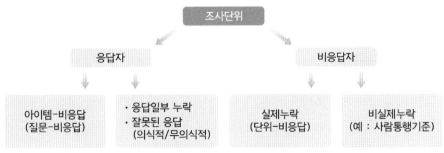

그림 6.2 설문 시 시스템적 오류

교통설문에서 주요한 오류는 소위 응답 누락이다. 비응답 조사단위에 있어서 실제와 비실제 누락이 구분된다. 비실제 누락은 오류가 있는 추출원리에 의하여 발생한다(예 : 사망한 사람 또는 더 이상 조사공간에 거주하지 않는 사람). 실제 누락에 비하여 비실제 누락은 조사결과에 영향을 미치지 않는다.

실제누락은(단위 – 비응답) 조사단위의 완전한 누락을 의미한다. 대부분의 원인으로는 거부, 접근불가와 설문에 참여하는 대상자의 무능력(예 : 언어적인 문제) 등이다.

실제 누락은 이 대상그룹들이 종종 통행행태에 있어서 특별한 행태를 나타내는 경우가 많기 때문에 결과에 상당한 왜곡현상을 초래한다. 총 표본에 대한 응답비율은 회수율로 표현되며 조사의 품질지표로 활용된다. 여기서 필요한 데이터 품질을 확보하기 위한 회수율에 대한 검토가 필요하다.

이에 반하여 아이템 – 비응답 또는 부분누락은 표본에 포함되는 조사단위의 하나가 분석특성 측면에서 누락되었을 경우이다. 사례로 설문자가 인터뷰에서 개별 응답을 거부할 경우이다.

만일 모든 질문에 응답하였다 할지라도 불완전하거나 잘못된 응답에 따른 오류를 피할 수 없다. 잘못된 응답은 설문자가 의식, 무의식적으로 초래할 수 있다(예 : 이해도 부족 문제).

앞에서 언급된 오류들은 다양한 오류원에 기인한다.

o 조사개념과 수행
o 추출원리
o 조사도구
o 설문요원
o 설문기법

○ 데이터 수집과 처리

오류 분석은 타당성 검증을 수행하고 문서화된다. 조사의 품질특성에 튼 영향을 미친다.

- ○ 추정된 거리는 오류를 포함한다. 시간과 교통수단별 속도를 통한 거리계산은 조건적으로 맞다. Geo-coding이 도움이 된다.
- ○ 위치 제보 시 추후에 Geo-coding이 수행되는지에 따라 명확도가 정해진다(예 : 우편번호나 도로명은 설문자들에게 대부분 알려져 있지 않다).
- ○ 시간 제보는 설문자들은 거의 절삭한다. 예를 들어 5, 10, 15분(단거리 통행 시 큰 차이를 초래한다)

6.3   가구설문조사

먼저 전통적이며 일회성 가구설문조사의 특성이 설명된다. 패널 원리에 따른 가구설문조사의 특성은 6.3.2에 설명된다.

6.3.1 ┃ 가구설문조사(횡단면조사)

6.3.1.1 기법 특성

가구설문조사로 분석대상 지역 내 거주하는 인구구조와 교통행태에 대한 데이터가 수집된다. 따라서 모든 인구 계층별 표본의 대표성을 갖는 것이 중요하다.

교통행태 수집을 위하여 가구에 거주하는 구성원들의 분석시간 내 통행이 질의된다. 일반적으로 특정 표본일이 된다.

원칙적으로 전통적인 통신형태와 컴퓨터 기반 기법도 적당하다. 기법의 조합을 통하여 특정 인구 그룹에 의도적으로 집중될 수 있다. 따라서 전화번호가 공공 전화번호부에 등록되지 않는 가구에 접근 가능하도록 서면과 전화설문의 조합이 유용하다. 추가적으로 이동통신 의존도가 높고 컴퓨터에 익숙한 인구그룹을 대상으로 인터넷 상의 실시간 설문(CASI

: Computer Aided Survey Instrument)이 활용될 수 있다. 조합된 기법이 적용될 경우 개별 기법이 상호 간에 어느 정도 호환이 가능한지 여부를 주의하여야 한다(설문이나 제시 답변의 순서와 구성 등). 아닌 경우 추가적인 기법 적용에 의한 오류 등을 고려한다. 또한 분석 시에 가중치와 전수화에 있어 높은 기법적인 요구사항들을 고려하여야 한다.

6.3.1.2 적용분야

가구설문조사는 거주인구로부터 발생한 계획지역의 내부, 유입과 유출통행을 분석하는 데 적절하다. 계획지역의 통과교통은 가구설문조사로는 수집되지 못한다. 수집된 인구구조와 행태데이터로부터 통행행태와 통행수요의 설명을 위한 지표 추정이 가능하다. 이들은 교통모델의 입력자료는 물론 정산자료로 활용된다. 주요 지표에는 다음 사항들이 포함된다.

- 통행인구 비율(비거주자 비율)
- 교통수단과 통행목적별 통행빈도(인·일당 통행 수)
- 교통수단과 통행목적별 평균통행거리(통행당 Km)
- 교통수단과 통행목적당 평균 운행거리(인·일당 Km)
- 교통수단과 통행목적별 평균 통행시간(통행당 분)
- 교통수단과 통행목적별 평균 운행시간(인·일당 분)
- 가구 당 자동차 확보(승용차, 자전거, 오토바이)
- 교통수단 이용 현황(승용차 이용 빈도, 대중교통 이용)

가구의 모든 구성원들에 대한 정보는 물론 통행자료가 완벽하게 수집되어야 한다. 행태관련 특성들은 구성원들에게 명확하게 배정되어야 한다. 가구설문 시 수집된 구조적 특성들은 최소한 다음 사항들을 포함하여야 한다.

- 가구에 거주하고 있는 구성원 수
- 가구 구성원의 사회인구적, 사회경제적 특성(예 : 연령, 성별, 직종)
- 가구 구성원의 교통사회적 특성(예 : 운전면허 보유, 승용차 보유)
- 가구의 차량확보 여부(예 : 승용차, 자전거, 오토바이)
- 교통 접근성(예 : 대중교통 정류장 접근성)
- 통행 제약

보완적으로 추가적인 특성 예를 들어 가구 수입 또는 대중교통 승차권 확보와 이용여부 등이 조사될 수 있다.

이동이 어려운 구성원들에 대해서는 그 원인이 파악된다. 통행인구의 통행에 대하여 최소 다음과 같은 정보가 수집된다.

- 통행 시작지점
- 통행 목적(목적지에서의 행위)
- 통행에 이용된 모든 교통수단
- 통행 목적지 주소
- 통행거리(추정)
- 도착시간

모든 구성원의 첫 번째 통행에 대하여 다음과 같은 정보가 수집된다.

- 첫 번째 통행의 시작지점 형태(예 : 자가, 직장)
- 첫 번째 통행의 시작지점 주소

귀가통행은 명확하게 구분되어 수집되어야 한다.

예를 들어 예측 가능한 모델 구축에 이용되기 위하여 수집된 데이터들과 같은 특정 질문들은 내용적으로 중복된 표기가 필요하다. 통행목적 수집은 행위발생 장소에 대한 공간관련 정보, 즉 '여가'와 같은 기본적인 목적 정보 이외에 '문화시설 내 여가' 또는 '레스토랑 내 여가'와 같이 공간적인 구조단위를 정량화하여 수집하는 것이 필요하다. 구매와 '바래다 주고 데려 오기'와 같은 목적에도 동일하게 적용된다. 짧은 통행거리도 고려되어야 한다. 업무관련한 목적통행도 총합에 있어서라도 같이 조사되어야 한다. 업무적으로 통행빈도가 높은 통행인(예 : 택시 기사, 서비스 출장자)들에 대해서는 특별한 설문양식을 통하여 조사 부담을 경감시킬 수 있다.

첨부자료에 가능한 설문지가 사례로 제시되었다.

6.3.1.3 조직과 수행

대부분 표준화된 설문지들로 가구와 가구 구성원에 대한 사회인구적 데이터 이외에 하루 또는 여러 날의 표본 일에 대하여 통행인의 모든 집 밖 통행이 조사된다. 조사 수행과 조직에 대하여 표준은 따라서 꼭 필요한 것은 아니다. 하지만 도움이 될 만한 사항이 여기서 언급될 수 있다. 가구설문의 진행은 선택된 통신형태에 따라 편차가 있게 된다.

가구 표본은 주민등록부로부터 우연수 발생 기법에 따라 추출된다. 이때 추출원리는 연령 (0, 6 또는 10세 이상 모든 인구), 주 또는 부 거주지와 같은 다양한 특성에 따라 구분되어야 한다. 이는 설문 목적과 관련 있다. 나아가 조직과 분석을 위하여 이용될 수 있도록 표본 추출의 결과에 있어서 어떤 특성들을 고려할지를 사전에 결정한다. 여기에는 연령, 성별, 국적과 주소 등이 해당된다. 가구는 가구 구성원의 수에 따라 다양한 선택 확률을 갖게 되며 이는 추후 가중치와 전수화 단계에서 고려한다(데이터 분석 참고).

표본규모 산출은 희망하는 결과의 정확도에 따라 한편으로는 참과 거짓 누락의 특정 비율도 고려하여야 한다. 데이터 분석에 대한 요구조건에 따라 표본의 공간적인 분류가 예를 들어 도시 하부 지역 등에 따른 구분이 필요하다. 익명 데이터 분석을 위하여 적절한 코드 리스트가 작성되어 가구 위치와 도시 내 목적지 위치가 코드화될 수 있도록 한다.

적절한 추출기법의 선택에 대한 내용이 2장 그림 2.2에 제시되었다.

모든 가구는 예정된 조사에 대한 서면 안내가 이루어진다. 이때 지자체 설문일 경우 시장의 서명 등 공공기관에 의한 안내문에 대한 허가가 필요하다. 안내문은 예정된 설문 일자, 설문 형태나 설문 일에 대한 정보를 제공한다. 모든 가구는 정보보호 규정은 물론 수집 데이터의 추후 처리에 관한 규정 준수 등에 대한 내용을 공지 받는다(예 : 첨부 참고). 기념우표의 이용은 설문의 수용성에 긍정적인 영향을 미친다.

조사의 완료는 다양한 접촉과 기억을 되살리는 시도에 의하여 촉진될 수 있다. 서면 설문에 있어서 다음과 같은 다양한 접촉과 재인지 시도를 통하여 회수율을 제고할 수 있다.

- 조사 표본일 1주일 후 첫 번째 기억 촉구
- 2주일 후 두 번째 기억 촉구 또는 새로운 조사일을 제시한 신규 발송

기억촉구 우편의 편지 머리글과 서명은 안내문과 동일하여야 한다. 설문 시 질의에 대한 응답을 용이하게 하기 위하여 기억 촉구 우편에 이미 안내 된 전화번호와 문의처를 반복하는 것이 바람직하다.

전화설문 조사 시 발송 후 다음 날부터 시작하여 늦어도 제시된 표본일 3일 후까지 접촉을 시도하여야 한다. 이 기간 동안 가구에 접촉이 안 될 경우 새로운 조사 일이 제시된다.

응답 거부자일 경우에도 최소한의 정보(연령, 성별, 조사일 통행빈도)를 요청한다.

표 6.5는 설문의 다양한 단계별로 통신행태를 선택하고 필요할 경우 조합하는 가능성을 제시하고 있다. 나아가 언제 서류가 설문 대상자에게 제시되어야 하고 접촉이 이루어져야 하는지도 알려주고 있다.

표 6.5 설문 수행 시 가능한 통신형태

	서 면	전 화	대 면	기 타
접촉 시	정보보호에 대한 안내우편, 필요할 경우 동의서(표본일 8일전)	동봉서류 발송(설문자에 대한 기억을 되살리기 위한 통행기입용지), 정보보호 안내, 필요할 경우 동의서(표본일 2일 전)	방문예고 발송, 정보보호 안내, 필요할 경우 동의서(표본일 8일 전)	
서류 전달	자료 전달 : 동봉서류, 설문지, 반송봉투(수신자 납부). 회수 정보(표본일 2일전)			정비와 SW 발송
데이터 수집	설문자 설문지 기입	전화접촉(가능한 한 표본일 1일 후)	직접 방문, 필요할 경우 다수 접촉시도(가능한 한 표본일 1일 후)	설문자가 장비를 소지하고 필요할 경우 추가적인 데이터의 on-/off-line CASI 전송
기억 촉구	회상 우편 필요할 경우 동일한 요일을 준수 한 새로운 표본일 부여(표본일 7 또는 14일 후)	전화를 통한 추후 접수. 필요할 경우 요일을 준수하며 새로운 표본일 설정(표본일 2~4일 후)		

서면 정보 수집 시 서류 전달은 우편이나 인편으로 이루어진다. 서면 대면 설문은 지역적 조사 시 우편 접촉보다 일반적으로 높은 회수율을 나타낸다. 주나, 연방 차원의 조사 시 서면 우편 조사는 비용절감 효과가 크다. 서류 전달의 장단점은 계획 공간에 따라 다양하며 필요할 경우 사전 조사 시에 상호 비교되어야 한다.

6.3.1.4 오류원

데이터 분석과 데이터 평가 시 고려되어야 하는 다음과 같은 오류 원인들이 6.2에서 언급된 내용들에 추가하여 가구설문조사에서 발생할 수 있다.

- 대리 설문 : 설문 시점에 부재 중인 설문자를 대리하여 설문할 경우 잘못된 정보 입력이 이루어질 수 있다.
- 비보고 통행 : 직업적으로 특별히 통행이 많은 경우 표준 설문조사지에 충분히 수집되지 못하며 최종(귀가) 통행이 수집되지 않을 경우 분석 시 방법론적인 문제를 야기시킬 수 있다. 이 경우 종합적인 분석을 위하여 통일된 절차들이 결정되고 문서화되어야 한다(예를 들어 완벽하지 못하게 수집된 일 계획의 데이터 셋을 수정, 누락된 통행의 우연확률 기법을 통한 보완, 완벽하지 않은 통행고리 위임 등).

○ 어린이의 통행일지 처리는 분석 목적에 따른다. 가능한 기준은 아들이 부모와 동일한 통행행태를 나타낸다고 가정하는 것이다. 6살을 기준으로 통행일지를 자체적으로 작성하는 것이 의미 있다.

6.3.1.5 데이터 처리

데이터 셋과 활용된 설문지와 입력표식은 가구, 가구원과 통행특성에 따라 체계화한다. 첫 번째 단계는 입력자료를 검증하고 필요할 경우 타당성 분석을 수행한다(6.8.1 참고).

주민등록상의 가구 주소에 의한 우연수 선택은 보정을 필요로 한다. 다양한 가구크기는 다양한 추출확률을 유도한다. 이를 통해 다인 가구가 일인 가구보다 자주 표본에 반영된다(2.5 참고). 이 오류는 수정되어야 한다. 가구크기 분포에 대한 자료는 다양한 방법으로 확보 가능하다. 이는 확보 가능성은 물론 분류 방법까지 포함하고 있다. 광역자치단체나 지자체 차원의 통계기관에서 필요한 자료를 구할 수 있다. 시와 지자체의 가구크기 분포는 지자체 또는 2차 통계자료를 통하여 습득할 수 있다.

구성원별 가중은 모집단과 표본의 사회인구적 구조를 반영하여 보정한다. 설문 대상 인구의 연령과 성별에 기초하여 수행한다. 모집단에 대한 필요한 기초 데이터는 주민등록으로부터 습득한다. 필요할 경우 추가적으로 직업에 따른 가중치도 반영한다. 전반적으로 제약이나 비제약의 전수화가 수행된다(2.5 참고).

분석을 위하여 장거리 통행과 귀가 통행은 특별한 분야로 취급한다.

○ 시공거리가 100 km 이상인 통행은 장거리 통행으로 간주되고 통행거리 산출에 오류가 발생하지 않도록 거주지 기반 통행행태의 평균값 산출에 반영하지 않는다. 분석목적에 따라 장거리 통행을 분석에 포함할 수도 있다. 두 가지 경우 모두 분석기법을 문서화한다.

○ 분석 시 귀가 통행과 관련된 다양한 여건으로부터 예를 들어 통행목적에 따른 발생량과 교통수단 선택의 결과에 있어서 매우 큰 차이가 발생할 수 있다. 분석을 위하여 귀가통행을 증명하거나 귀가통행을 다른 통행목적에 배정하도록 한다(예 : 제시된 목적 위계 중 가장 높은 목적 또는 통행목적 수행 시간 또는 이전 통행목적에 배정 등). 귀가통행을 분석 시 증명하는 것을 추천한다. 다른 접근 방법일 경우 적용된 기법을 설명하도록 한다.

6.3.2 | 가구설문조사(Panel)

6.3.2.1 기법 특성

개인별 장기간의 통행행태 변화를 측정하기 위하여 일정한 간격으로(예 : 월별, 연도별 또는 매 2년) 조사를 반복하는 것이 필요하다. 이 조사를 패널 조사라 하며 동일한 대상이 설문되어야 하며 이러한 종류의 반복을 패널 주기라 한다.

변화를 측정하기 위하여 며칠 동안(다수일 또는 Multi-Day조사) 패널 주기를 조사하여 통행행태에 대한 개관을 구성하도록 한다. 일주일은 폐쇄되고 지속적으로 반복되는 하나의 단위로써 업무와 일 리듬(day rhythm)의 규칙성을 분석하기에 적절하기 때문에 일주일 간 분석이 효율적이다. 표본일 조사 시 통행특성의 변화가 특정 시간에만 분석되는 데 비하여 다수 일에 대한 주기 조사는 개인적인 행태변화를 수집할 수 있다. 패널 데이터는 예를 들어 주거지 변경과 같은 배경정보 등도 파악할 수 있다. 개인의 직업 상태를 예로 하여 명확한 설명을 제시하면, 분석 패널 주기 동안에 15명이 전일제에서 시간제 근무로 19명이 시간제 근무에서 전일제 근무로 전환하였고, 두 번의 단면 분석 시에는 "순수"하게 4명의 변화만을 확인할 수 있으나 패널조사를 통하여 34개의 "총계" 변화를 확보할 수 있다.

조사로부터 모집단에 대한 예측이 필요할 경우 선택에 따른 왜곡을 최소화하기 위하여 패널조사를 순환하는 패널(rolling panel)로 수행하도록 한다. 원칙적으로 패널 주기의 수가 증가할수록 패널 설문의 표본 수는 감소한다(약 20에서 30%의 설문대상이 경험적으로 주기별로 이탈된다). 순환패널 조사에서는 설문 가구대상이 조사 시 3~4회 정도의 연속되는 주기에 참여하게 된다. 표본은 모든 주기에서 새로운 특성(인구적 특성이 유사한 그룹 : 동시에 설문을 시작한 가구)을 갖는 가구로 새로워진다. 이를 통하여 매 주기마다 다양한 특성을 갖는 가구에 대한 조사가 수행된다.

패널은 집계 데이터 측면에서 신뢰성 또는 재생산되는 결과를 도출하지만 표본 수로 인하여 패널 조사 결과를 다른 조사와 비교하거나 지표들을 상호 비교하는 것이 필요하다.

추가적인 정보는 "통행행태에 대한 패널과 다수 일 조사 해설"을 참고하도록 한다.

6.3.2.2 적절성과 적용범위

사회적인 변화과정에 대한 상세한 묘사 이외에 패널 조사는 사회 전체적인 발전 추세의 확인과 설명을 위한 적절한 도구이다. 교통계획 또는 교통체계 구상이나 경제적 인구적 영향 관점에서 가치와 행태변화를 측정하는 데 적절하다. 패널 데이터는 원인 - 결과 관계는 물론 사전 - 사후 비교를 분석하여 계획된 대책에 대한 분석을 수행할 수 있다.

표본일 조사에 비하여 장기간의 조사기간을 통하여(예 : 일주일) 개인의 전형적인 평일 행동공간과 일상적인 생활형태에 대한 분석이 가능하다. 이외에 행동 양식이 확인되고(예 : 매주 화요일 운동) 여러 날에 걸친 통행행태에 대한 상세한 예측이 이루어진다. 장기간의 조사기간으로부터 개인 내면의 통행행태 변화(동일인의 일별 통행행태)와 개인 간 행태 차이(다양한 개인 간의)를 분석할 수 있다. 이로부터 개인의 수단선택, 다수단 이용, 행태 변화, 휴가행태와 시간활용 등에 관한 예측이 유추될 수 있다.

또한 통행행태의 견고성, 유연성과(비) 규칙성 등에 대한 예측도 가능하다. 설문 시의 피치 못할 잘못된 기입이나 오류 등도 예를 들어 일주일 간의 맥락에서 타당성 검증이 이루어질 수 있다.

장기간 조사기간에서는(예 : 일주일 이상) 표본일 조사에 비하여 적은 표본수가 가능하다. 또한 패널 조사 시 반복되는 가구의 참여를 통하여 매년 반복되는 횡단면 조사에 비하여 적은 참여 인원이 동원될 수 있다.

패널 조사로부터 처리될 수 있는 분석에는

- 조사 시기 기준 개인들의 특성 분석(예 : 생활과 통행 스타일, 공간적으로 구분된 구조에 기반한)
- 긴 조사 기간에 대한 개인과 집단의 전형적인 행태(선호 교통수단 등)
- 상황적 맥락 확인(예 : 가구 구성원, 전형적인 교통수단 조합, 활동 순서 간의 상호 영향을 미치는 관련성)
- 수년간의 특성 변화(예 : 승용차 소유 등)
- 가치와 자세에 대한 측정
- 추세와 발전에 대한 이해
- 인과관계 유도
- 미시적 차원의 교통모델 입력자료 확보

6.3.2.3 추진체계와 수행 지침

패널의 가능한 조사도구는 가구설문조사(가구의 특성을 설문하는)와 개인 통행행태의 일기장 조사이다(첨부의 설문지 사례).

전수 가구 조사로써 추후에 가구 맥락 내 설문대상의 통행행태가 분석될 수 있다. 전체 가구의 조사는 선별 표본에 따른 영향을 최소화할 수 있다.

모집단에 대한 예측을 위하여 표본 단위의 우연적인 선택이 필요하다. 설문 대상자의 모집을 위하여 패널 조사에 참여할 의사가 있는 그룹에 대하여 전화 검사(Screening)조사를 수행한다. 참여 의사는 전화를 통하여 미리 연결된 우편을 통하여 증대될 수 있다. 검사단계에서 모집단에 대한 표본 세분화를 통하여 확인되는 가구의 사회경제적 특성이 질의된다. 다양한 특성조합이 표본에 반영되도록 검사 시 확보된 구조데이터에 기반하여 표본 분배가 수행된다. 필요에 따라서 설문대상자를 서면 참여의사를 통하여 패널 조사에 긴밀하게 구속하는 것이 장점이 될 수 도 있다.

최종적으로 조사에 참여하는 가구는 모든 보고대상이 되는 가구구성원에 대한 통행일기장과 가구 구성원을 대상으로 하는 설문은 물론 가구 자체에 대한 내용을 포함하는 가구를 대상으로 하는 설문지를 받게 된다(첨부의 설문지 참고). 추가적인 문서(정보보호안내, 설문기관 주소 등)는 6.2를 참고로 한다. 가구설문조사와 통행일기장 대신에 전화 또는 웹기반 질의도 가능하다. 이 경우 설문 대상자의 데이터 들을 매 이틀에서 삼일 동안 질의하여 잊지 않도록 한다.

수년간 지속되는 패널 조사에서는 조사기법과 도구가 조사 기간 중 동일하여야 하며 그렇지 않을 경우 데이터의 비교가 가능하지 않다는 점을 유의하여야 한다. 그렇지 않을 경우 다년에 걸친 종적 조사에 기반했던 유효한 예측이 불가능하다. 또한 설문 내용을 지금까지 수행해 온 관련 조사(지역적 또는 광역적)를 반영하여 호환성을 갖추어 횡단과 종단조사 결과를 보완할 수 있도록 한다.

6.3.2.4 오류원

경험에 따르면 통행을 위한 패널 조사에는 비교적 경제적으로 안정된 여건을 갖춘 사람들이 많이 참여하고 있음을 나타낸다. 통행이 적거나 전혀 하지 않는 부류들은 조사 참여가 낮다. 통행이 많은 부류들은 비교적 교육을 잘 받았다.

모든 가구가 패널 조사 시 참여가 반복되지 않기 때문에 경험적으로 가구의 1/3 정도가 패널 주기 마다 중단하는 것으로 나타났다(패널 사망). 이로 인해 조사결과의 대표성에 영향을 미치게 되며 가중치와 표본의 재선별과정에도 영향을 미치게 된다.

추가적으로 보고중단과 보고 피로와 분석 반복으로 인한 학습효과(패널 현상)에 따른 왜곡 현상도 고려하여야 한다. 이 주제와 관련된 이전 연구자료들은(예를 들어 이전의 설문/설문 주기 자료에 관한) 설문대상자가 분석 내용에 대하여 자신의 행태나 의견을 투영하여 영향을 어느 정도 받은 상태에서 답변을 하는 경우가 있다고 알려져 있다. 이러한 영향을 확인하기 위하여 패널 그룹과 구조적으로 유사한 조정 그룹을 구성하고 분석기간 종료 시 한 번만 설문을 수행할 수 있다. 접촉형태가(인적 또는 전화 인터뷰, 서면 조사) 추가적으로 결과 품질에 영향을 미칠 수 있다.

6.3.2.5 데이터 처리

모집단과 표본 간 사회인구적인 구조의 차이를 보정하기 위하여 가중치가 반영된다.

이외에도 궁극적으로 발생하는 "패널 전형적인" 분산영향을 가중치를 통하여 보정한다. 주로 여러 날 또는 패널 주기간 보고와 중단이나 보고 피로에 따른 통행 누락 등이 해당된다. 가구 관련 자료가 수집될 경우 사후 타당성 검증을 통하여 보고오류와 보고 부정확성을 감소시켜 원시자료의 데이터 품질을 개선한다.

6.4 현장 설문조사

6.4.1 | 기법 특성

현장 설문조사는 예를 들어 방문객 설문 등이 해당되는 대부분 대면 설문에 의하여 수행된다. 추가적으로 회송을 위한 추가 서류가 배포되기도 한다. 추후에 전화설문을 위한 관련 정보를 수집하기 위한 일반적인 정보와 접촉 데이터들이 포함된다.

수집되는 것들은 아래와 같다.

- 통행 발생원
- 교통수단
- 다음 목적지
- 통행 목적
- 승용차 재차 인원
- 이용빈도

추가적인 정보로 경로선택, 도로안내 이용, 대중교통 승차권 또는 유사한 내용들이 수집된다. 인터뷰의 특성과 요구 사항 및 가능한 구성 등은 6.2.1.3의 일반적인 설명을 참고한다.

6.4.2 적절성과 적용범위

분석의 목적은 여가시간 통행행태, 여가통행, 공원 또는 쇼핑센터와 같은 시설의 이용에 대한 예측을 위한 것이다.

현장 설문 조사는 다음과 같은 예측을 위하여 적용된다.

- 분석기간 중 모든 사람들의 총수
- 체류 목적
- 평균 방문 일수
- 특정 그룹 일부에 속하는 비율(예 : 교통수단별)
- 다른 설문 목적(고객 만족도, 환승 잠재력 등)

현장조사는 특히 대책 수용성, 여가행태 또는 고객행태 등과 같은 복잡한 설문 목적에 관한 정보를 획득하는 데 적절하다.

6.4.3 추진조직과 수행

분석 목적에 따라 설문은 현장에 도착(예 : 쇼핑센터)하거나 떠나는 지점에서 수행된다. 후자의 경우 방문자(예 : 기간)와 사람들의(시설 만족도) 특성에 따라 행위 종료 후에 응답이 가능한 사항 들이다.

현장 설문은 "운에 따른 선택"이 충분치 않으므로 기법적으로 어렵다. 대표성이 있는 방문객 데이터의 확보를 위하여 다양한 표본이론의 표준기법 등이 있다.

설문 대상 인원들은 분석기간 중 공간적으로 한정된 영역을 방문하고 체류하고 떠나는 이들이다. 현장 표본과 같은 설문 조사 시 모든 방문객에 대한 모집단으로부터 부분집합을 추출하여 방문객 중 어떤 표본에 속하는지를 질의하게 된다. 동일인이 현장을 자주 방문할 경우 원칙적으로 매 방문이 표본선택에서 발생할 수 있다.

표본추출이 "현장" 앞의 지속적인 방문객 흐름을 대상으로 할 경우 1단계 표본추출 방법을 적용한다. 전체 분석 기간 동안 현장을 도착하고 떠나는 방문객들을 관찰한다.

모집단 예측을 위해 우연적인 표본 추출이 필요하다. 조사 초기부터 k 단계를 결정한다. 첫 번째 k-방문객으로부터 첫 번째 설문 대상이 우연하게 선택된다. 계속하여 모든 k-번째

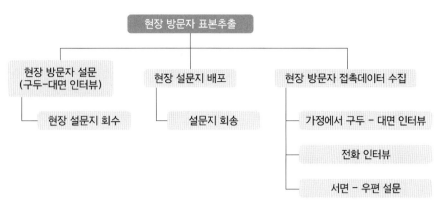

그림 6.3 현장 설문 조사 표본추출

방문객이 인터뷰된다. $k = 15$와 시작 수가 $s = 9$일 경우 9, 24, 39, 45 번째 방문객이 표본에 포함된다. 표본비율은 단계의 역수에($1/k$) 해당한다.

모집단의 규모는 조사 종료 시 설문자와 단계 k에 의하여 산출된다. 따라서 조사 시작 이전에 표본 비율만이 결정되고 표본규모는 결정되지 못한다.

대안으로 포아송 선택이 있으나 실행하기에는 어려운 점이 있다. 단계는 고정되지 않고 우연수와 관계되며 즉, 모든 사람에게 있어서 표본마다 설문이 되는지 안 되는지가 중요하다. 표본비율을 산출하기 위하여 모집단은 모든 대상인원을 계측하여 결정한다.

시간적으로나 공간적으로 완벽한 진출입 관리가 불가능할 경우 2단계로 진행되어야 한다. 첫 번째 단계에서는 "그룹"들이 형성, 즉 모집단의 요소(=방문객)들이 공간적/시간적 특성에 따라 그룹핑된다. 하나의 그룹은 특정 시간대에 특정 입구에서의 모든 방문객이 될 수 있다. 모든 진입출구와 시간적 기간에 대하여 그룹을 형성하고 전수화할 수 있으면 이 그룹의 특정 수가 우연적으로 선택된다. 이 그룹들 내에서 2단계로써 앞에서 설명된 체계적인 우연수 선택과정이 되풀이된다.

6.4.4 | 오류원

이러한 조사의 오류원은 언급된 표본추출의 문제로부터 발생된다. 표본시설로부터 발생하는 오류들은 다음과 같다.

○ 특정 집단에 대한 접근 불가

○ 특정한 거부행태
○ 설문자 선택

6.4.5 │ 데이터 처리

타당성 검증을 수행하고 데이터들은 (통계적)분석을 위하여 적절하게 코딩된다. 추가적 정보(일기 데이터 등)의 포함도 "a-priori" 정보의 이용과 같이(이전 연도의 방문객 수/방문 행태 등) 의미가 있다.

모집단에 대한 설문결과의 전수화는 동시에 조사되는 계산에 기초하며 선택된 추출기법 과 관련이 있다.

6.5 교통시스템 설문

교통시스템 설문은 특정 공간 내 또는 특정 교통관계에 대한 교통수단의 이용자와 이용 에 관한 정보가 필요할 때 진행된다. 통행 출발지와 목적지 및 통행목적은 물론 추가적인 개인 특성, 행태 특성과 추정 등에 대한 정보가 수집된다. 가구 설문조사에 비하여 현실화된 행태를 바로 조사하여 기억오류를 방지할 수 있다.

다음과 같은 설문들로 분류된다.

○ 대중교통 수단 설문(예 : 승객설문)
○ 도로망 설문
○ 주차시설 설문

6.5.1 | 대중교통 설문조사

6.5.1.1 기법 특성

대중교통 공사, 기업과 발주처는 승객설문조사를 수행하거나 대중교통 이용이나 정보에 관한 고객의 평가와 선호도에 대한 적절한 기초데이터에 따른 교통적, 운영적과 경제적 계획요구를 반영하기 위하여 이러한 내용을 위탁한다. 이를 위해 독일 교통기업 연합(VDV : Verbandes deutscher Verkehrsunternehmen)의 문서를 참조한다(예 : 1992년 발간 "교통조사"와 이후 개정판 등).

승객설문조사는 승객이 차량 탑승 중 또는 정류장에서 직접적인 면접조사로 진행된다. 설문도구로 종이설문지나 PDA를 활용한다. 도구의 선택은 설문목적에 따라 이루어진다.

차량 내 승객설문조사는 정류장 조사보다 조사인력이 기상상황과 관계없이 효율적으로 조사를 수행할 수 있고 설문대상자도 시간에 대한 조바심이 적기 때문에 더 선호된다. 특정한 조사목적의 경우에는 정류장 설문조사가 필요할 경우가 있다(예 : 도시철도 혼잡정류장에서의 승강장 보완설문조사, 대학 인근 정류장에서 대학생들 심층조사, P + R – 정류장 승객설문조사). 이 경우 승객에 대한 완벽하고 대표성을 갖춘 표본추출이 보장되는지를 유의한다.

승객설문조사는 준비는 물론 실시와 평가 시에 승객수 조사보다 매우 어렵다. 혼잡한 차량 내 설문일 경우 모든 승객을 대상으로 설문을 할 수 없기 때문에 설문은 승차 또는 승하차 인원 조사와 병행한다. 조사인력을 통한 수동조사 이외에 필요할 경우 다중 조사를 위하여 기술적인 승객조사 장비가 이용될 수도 있다.

6.5.1.2 적용범위

승객설문은 다양한 대중교통 조사목적을 위하여 수행되고 적절한 조사 설계 시 다양한 목적을 이룰 수 있다. 이러한 조사목적에는 다음과 같은 사항들이 해당된다.

○ 노선망과 노선계획(산출지표 : 정류장, 노선과 구간 교통량, 교통배분과 교통흐름)
○ 용량시설 설계(산출지표 : 횡단, 노선과 구간 교통량)
○ 교통시설 설계(산출지표 : 정류장 이용량과 환승관계)
○ 수입배분, 운임계획, 노선별 수익(산출지표 : 노선별, 회사별 수송실적, 통행거리와 정기 승차권 이용빈도)

- PBefG[3] § 45a에 따른 통학교통 보조 신청(산출지표 : 통학 평균거리, 학생 일이용빈도, 연합체 보조)
- 시설 수준과 이용객 만족도 산출(산출지표 : 청결, 안전과 같은 품질 지표)

조사목적에 따라 승객설문 조사 내용이 결정되며(예 : 시설 수준과 승객 만족도를 위한 설문), 위에서 언급된 다른 조사 목적의 경우 대부분 이용된 승차권과 운행경로 등이 수집된다. 특정한 목적일 경우 교통행태(예 : 통행목적, 이전 통행과 이후 통행 교통수단) 또는 승객의 사회인구적 특성이 수집된다.

6.5.1.3 수행방안

3.4에서 언급된 표본계획에 대한 원리는 승객설문조사에도 유사하게 적용된다. 하지만 다른 표본기반이 반영된다(대신에 장소별 또는 시간대별 수송실적, 6.4 현장설문 조사 비교).

2단계 표본은(좌석그룹선택이 아닌) 사전에 확정된 분석단위에 대한 표본규모에 있어서 양 단계에 대하여 다양한 크기의 선택원칙을 허용한다. 많은 분석단위에 대한 소수의 우선단위(예 : 노선운행)로부터 또는 반대로 소수의 분석단위에 대하여 많은 우선단위가 선택될 수 있다.

첫 번째 모델은 특히 경제적이며, 두 번째 모델은 통계적 이유에서 우선단위 간의 차이를 효율적으로 수집할 수 있어 더 선호된다. 승객설문조사의 통계적 정확성은 충분히 큰 규모의 대표적인 노선운행 수의 수집과 밀접한 관련이 있다. 반면에 어느 정도의 정확성에 대한 손실 없이도 승객 일부에 대한 설문을 포기할 수 있다. 이는 승객 선택이 우연적이라는 가정하에 가능하다.

6.2.3에 언급된 지침에 추가적으로 설문교육 시 다음과 같은 사항들이 처리되어야 한다.

- 설문 내용(승차권 분류, 노선경로 등)
- 좌석그룹기법(차량기하구조, 좌석그룹분류)
- 조사대상에 대한 추가 필요정보(예 : 요금결정)

---

3 Personenbefoederungsgesetz : 대중교통 수송법

6.5.1.4 오류원

승객설문조사는 승객 설문의 대부분 오류와 문제를 내포하게 되어 조사인력의 선택, 교육, 관리에 있어서 세심한 주의를 기울여야 한다. 비응답 문제는 일반적인 승객설문에 있어서는(승차권과 경로 수집, 1~2분 정도 설문시간) 크게 중요치 않으며 약 5~10% 정도 설문을 거부하는 것으로 알려지고 있다.

이 설문기술에서 특별한 오류는 다음과 같다.

- 설문은 하지 않았으나 관측된 승차자 : 정류장에서 승차하는 승객이 관측되었으나 설문은 하지 않음. 이 경우 가중치가 관측된 비율로 설문된 승객에 산출될 수 없다.
- 좌석그룹 선택으로 인한 표본왜곡 비교 3.4.
- 단거리 운행의 저 수집 : 승객에 대한 완벽한 설문은 조사인력으로부터 언제나 가능한 것은 아니다. 설문되지 않은 승객의 높은 비율은 특히 정류장 간 짧은 거리일 경우 문제가 된다. 이에 따른 관측된 왜곡은 단거리 통행에 대한 낮은 수집비율이다. 지역 간 철도에 있어서 단거리 운행의 낮은 수집비율은 승하차 인원 조사 또는 승차/와 점유 조사를 통하여 보완할 수 있다. 도시 철도의 경우 이와 같은 관측기법 이외에 포화도가 높은 승강장에서 추가적인 설문도 유용하다.
- 광범위한 설문규모와 긴 설문시간 : 설문이 2분 이상 진행될 경우 목표하는 높은 설문비율과 이와 연계된 높은 결과 품질은 충분한 조사인력이 확보될 경우에만 가능하다. 그러나 이는 비용측면에서 불가능하다. 대규모 설문조사의 경우 모든 정류장에서 최소한 명의 승차인원이 설문될 수 없거나 지속되는 설문이 중단될 수 밖에 없기 때문에 조사 품질은 저하된다. 단거리 통행에 대한 낮은 설문비율 문제도 설문을 중단하는 대상자의 수와 함께 대규모 설문조사에서 커지게 된다.

6.5.1.5 데이터 처리

데이터의 타당성 검증은 적절한 컴퓨터 프로그램을 통하여 입력단계부터 수행되어야 한다. PDA를 이용한 수집에서는 설문단계에서부터 검증의 일부가 진행되나 조사인력이 검증으로 인하여 너무 과부하 되지 않도록 한다. 검증 프로그램을 이용하여 다음과 같은 타당성 검증이 자동적으로 수행될 수 있다.

- 개별 설문지표의 적정 수치영역 검증(예 : 소프트웨어 CAPI에 포함된)
- 운행계획 데이터에 기초한 제시된 경로 검증

○ 경로와 관련된 요금 검증

○ 승차객에 대한 설문 행태 검증

수치영역에 대한 개별 수집지표 검증 이외에 설문데이터는 의미에 따라 다음과 같이 구분되어야 한다.

○ 우선 데이터(조사목적에 꼭 필요한 데이터, 예를 들어 요금수익 분배를 위한 승객설문 조사 시 "이용된 승차표"와 "운행경로" 지표)

○ 2차 데이터(보완 데이터, 예를 들어 요금수익 분석을 위한 승객설문 조사 시 "통행목적" 지표)

오류를 포함하거나 명확하지 않은 우선 데이터 셋은 활용하지 않는다. 데이터 셋의 이차 데이터 내 오류 내용은 이에 반하여 데이터 처리 시 완벽한 데이터 셋의 내용을 이용하여 타당성 또는 적절한 귀속기법에 따라 보완되어야 한다.

가중치와 전수화는 타당성 분석에 의하여 완벽히 검증된 데이터를 전제로 한다. 승객설문조사의 결과는 통행자 요인을 활용하여 운행당 관측된 승객에 대하여 전수화된다(비교 3.7.2.2). 결과의 전수화에 있어서 어떤 계층지표가 고려되느냐에 따라 다양한 정확도가 산출된다.

○ 운행당 전수화 : 운행 중 거의 모든 승객을 대상으로 설문이 수행되면, 운행당 관측된 승객에 대한 전수화로 충분하다. 매우 높은 설문율은 지역 간 버스교통에서 낮은 점유 일일 때 가능하다.

○ 운행과 승차정류장당 전수화 : 도시 버스기업에서 설문율은 일반적으로 상당히 낮다. 운행당 승차 정류장 전수화는 승객의 환승행태가 대표적으로 묘사되도록 한다.

○ 운행, 승하차당 전수화 : 차량 내 승객은 다양한 운행거리를 갖는 승차권 형태에 따라 (연계 승차권, 기업 승차권) 운행을 한다. 대표적인 분석은 운행, 승하차당 설문된 승객을 관측 데이터로 전수화하는 것이다.

6.5.2 | 도로망 설문

6.5.2.1 기법 특성 및 지표

도로망 설문은 운전자를 대상으로 하며 도로공간에서 수행된다. 대면 설문을 통하여 하나 또는 다수의 횡단면에 대한 표본일 기준한 정보가 수집된다. 횡단면이 원형 형태일 경우, 예를 들어 도심을 중심으로 형성된, Cordon 설문이라 한다. 선형 형태일 경우 Screen line 이라 한다.

기본적으로 운행의 시종점과 운행목적(사적, 또는 공적 목적) 이 설문의 주안점이다.

추가 설문내용이 아래와 같을 수 있다.

- 거주지
- 수하물 여부
- 노선선택
- 구간 이용빈도
- 필요할 경우 추가 운행특성

설문인력은 추가적으로 차량형태와 탑승자의 수를 양식에 기입하는 시간을 입력하여야 한다.

6.5.2.2 적용범위

도로망 설문은 소규모는 물론 대규모 조사영역에서 일반적인 조사내용을 넘어서는 정보 수집에 적절하다.

이 설문의 이용은 분석대상 공간단위와 교통류 주방향에 대한 유출, 유입과 통과교통이 계획 기초자료로 필요할 때 활용된다. 도로망 설문은 개별 횡단면에서 통행목적 간 관계에 대한 추정이 가능하다.

추가적인 적용범위는 시설 이용에 관한 것이다(노선, 휴게소, 교통안내시설).

이러한 형태의 설문은 화물교통에 대한 의도된 질문에 적절하다. 추가적으로 특별한 통행 목적과 필요할 경우 적재 화물에 대한 내용이 질의된다.

6.5.2.3 수행방안

과업목적에 따라 분석되어야 할 교통행태를 대표적으로 수집할 수 있도록 교통흐름이나 교통량을 고려하여 설문장소와 시간을 선택한다. 서면수집 시 DIN A-4-쪽의 앞면에 모든 질문을 배치한다.

전일에 대하여 방향별로 설문을 수행하는 것이 바람직하다. 어려울 경우 오전과 오후 주기에 방향별로 수행할 수도 있다. 특별한 목적일 경우 물류교통일 경우 과업목적에 따라 조사 일과 시간을 조정토록 한다.

설문대상자는 표본추출 지침에 따라 진행 중인 차량 중에서 교통경찰에 의하여 선택된다. 선택기법은 6.4의 현장설문에 서술된 기법에 따른다. 수집된 표본을 모집단에 대하여 전수화하기 위하여 횡단면 계측을 병행한다.

조사 초기 시 차종구분을 명확하게 한다. TLS에 따른 지역적인 조사나 구분을 적용한다 (표 3.2). 조사요원은 적절히 교육한다.

그림 6.4는 조사지점 설치, 필요한 안내판과 조사인력 배치를 나타낸다.

조사수행과 관련하여 다음 측면을 유의한다.

○ 도로공간 설문 시 조사지점은 직선의, 가능한 평지에 설치하여 양방향에 대한 충분한 시거가 확보되도록 한다.

○ 교통흐름에 대한 직접적인 개입이 이루어지므로 특별한 안전대책이 수반되어야 한다. "도로공사 안전지침(Richtlinien füer die Sicherung von Arbeitsstellen an Strassen"을 참고한다.

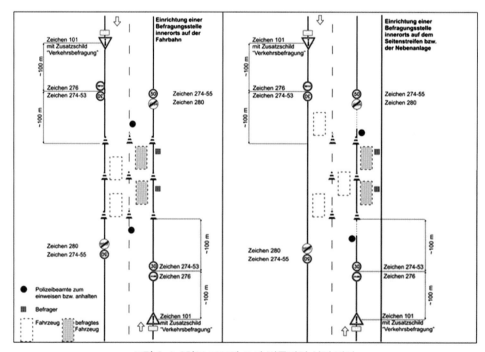

그림 6.4 2차로 도로의 조사 병목지역 설치 방안

- 현장에서의 지역 교통관련 기관과 경찰과의 협의가 필요하다(도로공간 특별 이용 허가 신청).
- 어떤 기관이 안내판의 설치와 철거를 담당하는지를 결정한다. 안내판은 조사 시작 시에 통행에 적법하게 설치되고 종료 시에 가려지거나 철거하도록 한다.
- 교통량이 많을 경우 표본규정에 따라 선택된 운전자의 수만을 설문한다. 적은 교통량이 거나 여건이 안 좋을 경우 모든 운전자를 대상으로 하며, 이 경우 정체를 피할 수 없다.
- 운전자는 교통경찰에 의해 조사지점으로 유도되며 정차한다. 설문은 조사를 위한 병목 지점에서 이루어진다. 화물차 운전자 설문 시 운전석 유리창과의 차량 높이와 소요공간 을 유의한다.
- 보완 횡단면 계측은 설문장소의 정체지역 외부에 설치한다.

6.5.2.3 오류원

조사오류는 위치 수집 시 발생한다. 조사요원은 사전에 조사지역에 대한 지리적인 감각을 갖도록 한다. 표본의 추출기법에서도 오류가 발생한다. 차종/형태 구분 시에도 오류가 발생한다.

6.5.2.4 데이터 분석

데이터는 코딩되고 검증절차를 수행하며, 필요할 경우 통행 출발과 목적지 및 경로를 활용하여 거리를 산출하고 검증한다.

설문결과의 모집단에 대한 전수화는 병행하는 횡단면 계측이나 확보된 상시 검지기 자료를 활용한다.

6.5.3 주차교통 설문

6.5.2.1 기법 특성

주차교통의 설문은 공간적으로 제약된 조사공간의 단순한 계측을 넘어 필요한 정보를 수집한다. 주차면의 점유 이외에 다음과 같은 정보가 수집된다.

- 통행 발생지
- 수요그룹
- 주차시간
- 재차인원
- 주차 배회 소요시간

- 통행목적
- 주차장에서 목적지까지 거리
- 연계 통행 목적지
- 주차장 선택 이유
- 이용빈도

Park + Ride나 Bike + Ride영역의 조사를 위하여 다음과 같은 추가적인 특성들이 수집된다.

- 도착시간
- 이용 교통수단

- 목적지 정류장/역, 통행목적지
- 예정된 돌아오는 시간

수집된 데이터는 조사지역 여건과 밀접한 관계에 있어 이 지역에만 적용된다. 부족한 주차공간 상황인 지역에서의 조사는 실제 주차수요에 대한 정보를 제공하지 않는다.

6.5.2.2 적용범위

주차교통 설문은 원칙적으로 모든 주차시설에서 수행된다. 주차교통 수집을 위한 계측과 추정방법과 주차수급 평형분석을 정량화하는 방법을 병행하는 것이 효율적이다.
다음과 같은 중요한 정보를 제공한다.

- 주차공간 개념의 여건과 효과
- 수요그룹과 관계된 수요
- 발생지역과 관련된 소규모 주차장 선택
- 주차면 주변의 소규모 목적지 선택
- 주차시설의 적용범위
- 특정지역과 연계된 만족도

6.5.2.3 조직과 수행

교통시스템 내 모든 설문과 같이 인터뷰는 2분 내지 3분을 초과해서는 안 된다. 응답은 설문지 또는 노트북으로 수집된다.

표본에 대한 추출기법은 6.4의 현장설문의 절차를 따르며 수요그룹의 구분을 위하여 다음과 같은 분류가 이용된다.

- 거주자
- 고용자/교육생/대학생/중고생
- 고객
- 방문객과 손님
- 서비스 제공자와 배달

설문은 주차과정 시작과 종료에 수행한다. 주차과정 종료 시 설문의 장점은 목적지에 대한 정확한 제시와 주차장에서 목적지 간의 기대되는 거리의 정확성이다. 주차시간 질의와 출발시간 표기를 통하여 주차의 시간적인 조건 등이 정확하게 수집된다.

주차시간 측면에서 다음과 같은 분류가 구분된다.

- 단기 주차자 : 3시간 미만으로 주차하는 사람
- 장기 주차자 : 3시간 이상 주차하는 사람
- 지속 주차자 : 일정 기간 동안 주차장의 주차면을 확보하고 있는 사람

특별한 목적(예를 들어 상점 폐점 시간, 일요일 개점) 또는 다른 첨두시간을 갖는 특별한 시설(예를 들어 공항, 위락시설 또는 이벤트) 외에는 평일 오전과 오후 시간대에 설문을 시행한다.

6.5.2.4 오류원

주차교통 설문은 대면 인터뷰에서 오류나 문제가 발생하여 조사인력의 선발, 교육, 관리와 감독 등이 중요성을 갖는다.

추가적인 조사오류는 위치 수집과 수요그룹에 대한 정확한 배정이다. 또한 설문자 선택에 있어서도 오류가 발생한다.

6.5.2.5 데이터 분석

데이터는 코딩되고 타당성 검증을 수행한다. 모집단에 대한 설문 전수화는 병행하는 계측에 의한다.

6.6 기업설문

    기업설문은 물류교통에 대한 데이터를 확보하는 데 중요한 도구이다. 회사, 즉 회사 입지가 설문 장소가 된다.

    처리되거나 수집되는 단위(사람/고용인, 회사, 차량 또는 차량소유자)는 물론 다양한 운행구조에 따른 물류교통의 다양성은 특별한 기법적인 고려를 필요로 한다.

6.6.1 기법 특성

    기업은 교통발생 측면에서 화물이나 인적 물류교통의 원인자이다. 구조적 회사지표의 산출을 위하여 회사가 설문의 대상이 된다. 직업이나 업무교통에 대한 정보는 고용인의 설문을 통하여 수집된다.

    표 6.6은 주요 질문으로 필요한 설문내용을 정리하였다. 이용은 공공통계의 정의와 내용에 따른다.

6.6.2 적용범위

    기업설문은 기업 고용인들의 업무시간에 업무목적으로 이루어지는 통행이나 운행을 수집하는 데 적절하다. 설문의 주요점은 기업 또는 통행목적이나 업무통행이다. 기업설문은 방문통행과 배송교통을 더 정확하게 분석할 수 있다.

6.6.3 조직과 수행지침

    모집단은 목적에 따라 다르며 확보된 주소록과 일치하지 않는 경우가 많다. 따라서 주소록 확보와 표본선택에 있어서 계획 수립을 잘 하여야 한다.

    기업 접촉을 위한 주소원으로써 다음과 같은 것들이 활용된다.

- 세무서 자료
- 상업적 주소록
- 기업협회 주소자료
- 노동부 기업자료
- 통계청 기업등록자료

세무서 자료에는(세금리스트) 모든 기업이 포함되어, 법인세와 사업등록이 이루어진다. 세금리스트는 다음과 같은 이유로 일반적으로 선택 자료로 적절하지 않다.

- 교통과 무관한 많은 기업들이 포함되어 있음
- 적용된 기업분류가 애매함
- 사업자 등록이 되어 있지 않는 프리랜서가 누락됨

세금리스트에 너무 많은 기업이 포함된 반면에 상업적인 주소록에는 등록의 자율성으로 인하여 상대적으로 적은 주소록이 포함되었다. 따라서 추출 모집단이 목적 모집단에 비하여 현저히 적다.

기업협회의 주소리스트는 정량적, 정성적으로 세금리스트와 상업적 주소데이터뱅크의 중간 정도 수준이다. 이 리스트에는 협회에 소속된 기업들만이 등록되었다. 회원사 명부는 도시나 지역의 업무통행에 대한 예측을 수행할 경우 하나의 데이터 셋으로만 활용되어서는 안 된다.

노동부의 기업 데이터는 사회보장보험 의무가 있는 고용인을 갖고 있는 기업만 포함한다. 공무원이나 프리랜서는 제외되었다.

통계청의 기업 데이터뱅크는 공공적인 측면에서 정확한 데이터원으로 볼 수 있다. 어떤 구조데이터(분석지역의 기업 수와 고용인 수)가 활용 가능한지는 주 정부에 따른다. 필요할 경우 설문 수행기관과 등록기관과의 협조를 통하여 등록기관이 표본을 추출하고 조사서류를 발송하는 업무를 대행할 수 있다.

바람직한 것은 매우 작은 기업이나 1인 기업을 제외한 모든 기업을 대표하는 기업등록청의 데이터를 이용하는 것이다. 불가능할 경우 상업적인 제공자의 데이터나 이해집단의 데이터를 활용하는 것도 가능하다.

다양한 데이터 셋을 고려하는 것도 가능하나 중복 수집 데이터 측면에서 검증이 필요하다. 이의 확인과 제거는 다양한 기입방식으로 인하여 완전한 자동화가 어렵다. 적절한 규칙을 정의하여 인력과 시간투입을 계획한다.

표 6.6 기업 설문 설문내용

기업 개요	교통 참여자 여건	실행된 교통상황
기업에 대하여 다음과 같은 내용이 질의된다. • 산업분류와 중점사업 • 기업의 능력과 중점업무분야(설문을 통한 기업의 산업분류와 주소데이터뱅크의 배정에 따른 분야 검증) • 지사 형태(본사 또는 다기업의 지사, 독립기업) • 분석하는 기업위치의 고용자 수 • 사회보험의무 고용자 수 • 정규직과 비정규직 비율과 계절별 고용자 • 차종과 배기량에 따른 사업장으로 허가된 차량 수 • 사업에 활용되는 개인 차량과 출장목적 차량 수	표본일에 다음 질의가 이루어짐 • 표본 일과 조사시간 • 기업 분류 • 기업 Head Quarter • 주소상 기업위치 • 시작시간 • 첫 번째 통행 시작지점(기업위치, 주거지, 기타) • 추가 차량 투입 시 • 허용 중량과 이용 중량을 포함한 차종 • 소유자 형태(사적 또는 회사) • 첫 번째 통행 이전 운행기록 • 표본 일 마지막 통행 종료 후 운행기록	모든 통행에 대해 다음을 수집할 것 • 통행 시작시간 • 목적지 도착시간 • 활용 교통수단 • 주소 상 모든 통행 목적지 • 통행의 목적 형태(개인 가정, 산업분야, 공사장소, 자체회사, 기타로 구분) 통행목적, 즉 목적지에서 수행하는 업무, 사적과 업무적 통행을 구분하여 다음과 같은 내용들을 추가적으로 확보 • 매 통행 시 동행자 • 장애가 되는 소지품 등 • 발송 단위와 또는 물건이나 상품의 중량
포괄적 설문지	통행설문지/운행기록부	

대부분의 주소원에 있어서 전화번호나 대화 파트너 등 부족한 내용들을 추후에 보완할 필요가 있다.

대부분의 주소데이터뱅크가 기업의 구조에 관한 정보를 포함하지 않고 있기 때문에 단순한 우연수 선택만이 적용 가능하다. 적절한 내용이 확인 가능하면, 업종, 기업규모(사회보험의무 대상 고용인)에 따라 또는 공간적인 계층분류에 따라 표본이 선택될 수 있다.

기업설문 조사에서는 모든 교류형태가 가능하다(6.1 참고).

그림 6.5는 수행절차를 나타낸다.

기업설문 시 정보보호와 관련하여 고용주에 비교하여 고용자의 데이터도 신뢰성 있게 처리되어야 한다.

발송과 상기를 위하여 다음과 같은 시간들을 유념한다.

○ 사전안내 발송으로 설문 시작(수신자 : 기업대표)

○ 발송 5일 후 전화접촉

○ 전화 다음 날 서류발송, 기업에 중심이 되는 창구가 확인될 경우, 발송과 표본일 간에 5일 염두

```
┌─────────────────────────────────────┐
│            조사수행                    │
└─────────────────────────────────────┘
                  ↓
┌─────────────────────────────────────┐
│          조사 서면 안내                 │
│ 관련기관, 지자체, 상공회의소 등의 직인인  │
│ 찍힌 공식적인 안내문                     │
└─────────────────────────────────────┘
                  ↓
┌─────────────────────────────────────┐
│            전화 접촉                    │
│ •기업 존재 검증(주소 수정)               │
│ •관련 창구 확인                         │
│ •참여의사 문의                          │
│ •아닐 경우                              │
│  -주요 기업정보 문의                     │
│  -추후 비응답 분석을 위한 분석 데이터      │
│   뱅크로의 데이터 셋 접수                 │
│ •동의 경우                              │
│  -창구 확인                             │
│  -정기적으로 통행하는 고용자와 사업용      │
│   차량 질의                             │
│  -2차 서면조사를 위한 주소 데이터         │
│   뱅크의 접수                           │
└─────────────────────────────────────┘
                  ↓
┌─────────────────────────────────────┐
│          조사서류 우편발송              │
│ •모든 확인되고 참여의사가 있는 기업으로    │
│  모든 조사서류 발송                      │
│ •과정, 기입방법, 정보보호에 대한 설명      │
│ •정의된 표본 일에 대한 통행일지와 운행기록  │
│ •수신자 부담 회송봉투 동봉               │
└─────────────────────────────────────┘
                  ↓
┌─────────────────────────────────────┐
│         (지속적) 회수관리               │
│ 회수관리(기업규모에 따른 사회보장 의무     │
│ 대상 고용자 수)                         │
└─────────────────────────────────────┘
                  ↓
┌─────────────────────────────────────┐
│        우편 또는 전화 상기              │
└─────────────────────────────────────┘
```

그림 6.5 기업설문 수행절차

○ 지속적인 회수관리(예 : 기업규모에 따른 고용자 수)

○ 발송 3주 후에 상기 우편

6.6.4 오류원

다음과 같은 오류원이 기업설문에서 발생한다.

- 주소데이터뱅크의 부정확한 내용
- 주소데이터원부상의 기업분류와 설문자의 응답상의 기업분류 차이
- 경영진의 고용자 수 파악 오류

6.6.5 | 데이터 분석

데이터 셋은 가구설문과 같이 다양한 데이터로 분석된다. 기업 데이터 셋, 고용자 또는 통행데이터 셋.

주소데이터뱅크 상 기업의 사전분류와 설문상 기업의 기업분류, 기업의 업무 간의 비교가 중요하다.

사회보장보험의무가 있는 고용인에 대한 추정은 가중치와 전수화를 위한 연방노동청의 통계를 활용한다. 설문시점에서 실제적인 고용인 수를 반영하는 데이터를 활용한다. 이 경우 연방통계청의 기업등록 분류에 따른 "기업×사회보장보험의무 고용인 수"에 따른 계층이 이루어진다(표 6.7). 모든 계층마다 체계적인 우연수를 통하여 어떤 기업이 표본에 포함되어야 할지를 결정한다. 다음은 조사기간 동안 유효한 연방노동청의 통계에 기초하여 기업은 물론 고용인 차원의 가중치를 형성하고 데이터 셋에 반영한다.

6.7 차량 소유자 설문

차량 소유자 설문은 차량 이용의 특성과 지표(예 : 차량활용의 총 구조를 위한 데이터, 연료소모와 차량운행 데이터) 및 이들의 영향요소를 수집하는 데 활용된다. 차량소유자 설문 시 다음과 같은 특성 그룹의 특성들이 수집된다.

- 차량 소유주, 가구 또는 기업의 특성
- 차량위치 특성
- 운전자 특성
- 차량 특성
- 차량이용 특성

표 6.7 연방노동청 통계 기반 기업분류와 사회보장보험 의무 고용인에 따른 계층 분류 사례

기업분류 기업분류 2003에 따른			기업					고용인				
			총합	이중 … 까지의 사회보장보험 의무 고용인 …수				총합	이중 … 까지의 사회보장보험 의무 고용인 …수			
구분	분류	설명		1-9	10-49	50-249	250 이상		1-9	10-49	50-249	250 이상
A, B	01-05	농축수산	39	21	10	5	3	1,939	44	201	310	1,384
C	10-14	광산	41	10	12	15	4	6,946	48	224	1,106	5,568
D	15-37	생산	448	78	88	132	150	99,335	302	1,955	16,181	80,897
E	40-41	에너지	64	12	17	18	17	12,833	50	444	1,944	10,395
F	45	건설	117	38	36	31	12	15,833	137	818	2,765	12,163
G	50-52	차량정비	175	55	52	41	27	18,613	209	1,044	4,408	12,952
H	55	숙박	53	26	20	5	2	1,380	76	409	373	522
I	60-64	교통통신	177	50	55	49	23	25,374	209	1,249	5,397	18,519
J	65-67	보험	145	33	31	36	45	57,574	110	705	4,130	52,629
K	70-74	부동산	694	296	213	149	36	39,733	1,157	4,388	15,233	18,955
L	75	공공, 국방	24	2	6	6	10	6,522	12	215	975	5,320
M	80	교육	38	8	10	10	10	18,866	30	186	1,185	17,465
N	85	건강	121	26	14	32	49	48,863	89	386	4,284	44,104
O	90-93	서비스	177	81	41	40	15	12,500	338	862	4,405	6,895
총계			2,313	736	605	569	403	366,361	2,811	13,086	62,696	287,768

차량설문 목적이 차량이용과 이용특성 수집이라면, 설문의 일반적인 목표설정에 따라 이용 특성 간의 관계와 결정변수들을 산출하기 위하여(예 : 차량소유주, 가구 또는 기업분류의 특성들) 다른 특성그룹의 지표들을 수집한다.

차량소유주 설문은 표본이 차량모집단에 의하여 이루어질 경우에만 차량 분석 모집단에 대한 대표성을 갖게 된다. 이에 반하여 가구설문조사 틀 내에서 소유자 설문은 예를 들어 개인 소유 차량에 대한 비중이 높으며, 기업설문에서는 법인으로 등록된 차량비율이 높다. 따라서 연방차량등록청(KBA : Kraftfahrt-Bundesamt)에서 확보한 중앙차량등록(ZFZR : Zentralen Fahrzeugregister)상의 적절한 차량대수로부터 차량표본을 위한 기초를 형성한다.

이 기법의 장점은 ZFZR로 완벽하고 가장 최신의 독일에서 등록된 차량과 중요한 특성들과 효율적이고 대표적인 표본조사를 위한 매우 이상적인 추출기반을 제공하는 것이다. 이

등록은 지속적으로 관리되고 차량 활용 시 영향을 미치는 차량, 소유자와 입지 특성 등을 포함한다. 이를 통해 효율적인 모집단의 계층분류가 가능하여 전수화된 결과의 정확성을 획기적으로 향상시킨다.

복잡한 차량이용 구조 수집을 위한 차량 소유주 설문은 광범위한 질문 내용으로 표본일 하루를 대상으로 이루어진다(표본일 조사). 예를 들어 연료소모 또는 운행거리와 같은 구간 – 또는 시간적인 단위를 필요로 하는 조사 시에는 두 개의 조사시점 간의 시간 간격에 대하여 반복설문(종단 설문)으로 연료소모(연료기록)나 운행거리의 차이를 확인한다.

산출되는 목표 지표의 설문프로그램과 종류의 규모에 따라 차량 소유자 설문은 종단 또는 횡단설문으로 이루어진다(6.2, 표 6.1). 다음에는 따라서 다음의 두 설문이 구분된다. 이용구조(6.7.1)와 연료소모와 운행거리 산출(6.7.2)을 위한 차량활용에 대한 설문이다.

6.7.1 운행특성과 적용분야 차량-소유주 설문

6.7.1.1 기법 특성

복잡한 차량이용구조와 이들의 결정요소 수집을 위한 차량 소유자 설문은 설문규모로 인하여 서면 우편 표본일 설문으로 수행되어, 모든 소유자나 운전자는 제시된 표본일에 대해 운행기록지에 차량이용 정보를 기입한다.

표본 일의 모든 차량운행(정량적과 정성적인) 특성을 수집한다. 운행의 수집되는 주요 특성지표는 다음과 같다.

○ 운행 시작 시 타코미터	○ 운행 시작 시점
○ 수송 인원	○ 운행 목적
○ 목적지 종류	○ 화물 중량
○ 화종	○ 목적지 주소
○ 도착시간	○ 운행 종료 시 타코미터

다음과 같은 차량특성이 중요성을 갖는다. 예를 들어

○ 개인 또는 법인 등록 차량

○ 기업분류(법인 차량일 경우)

- 구매된 또는 임대차량
- 차량위치

와 차주의 특성, 예

- 가구규모 또는 기업규모
- 보유차량 규모

많은 추가적인 차량과 수요자 데이터가 예를 들어, 차종과 자동차제작사, 적재공간, 허용 총 중량, 구동종류, 소유자 주소 등, ZFZR의 차량등록에서 활용 가능하다.

특정 기간 동안에 대표적인 결과를 도출하기 위해 표본은 일정 시기 동안 분포되어야 하며, 이는 표본일이 토요일과 일요일을 포함한 전체 요일에 분산되어야 한다.

예로써 연방차원의 "독일 차량교통" 설문이 있다. 이 서면-우편설문에서 표본일에 대한 추출된 차량의 모든 운행이 운행기록부에 기입된다. "국내 원리"에 따른 이 설문으로부터 독일 내 모든 등록된 차량의 모집단에 대한 대표적인 지표가 산출된다. 설문되는 차량-소유자에 대한 표본추출은 중앙차량등록청(ZFZR)로부터 계층화된 우연표본을 활용한다.

6.7.1.2 적용범위

차량소유자 설문은 개인 소유나 법인 소유 차량에 의하여 이루어지는 차량기반 업무통행의 복잡한 구조를 조사하는 데 적절하다.

차량이용을 위한 차량-소유자 설문으로 계획기간 내 등록된 차량의 분석기간 동안 일 이용흐름의 특성들이 수집된다. 분석지역 내를 운행하는 모든 차량에 대한 조사가 이루어지는 것은 아니다.

6.7.1.3 수행지침

차량이용 차량소유주 설문은 대표성을 갖춘 차량소유자 표본의 표본일 기준 서면-우편설문이 바람직하며, 약 5주 후 비응답자에게 설문지를 재발송하도록 한다. 서면 양식은 차량운행기록지가 운전자에게 전달될 수 있어, 특히 차량의 위치가 소유자와 다를 경우 유용하다.

결과의 정확성 향상을 위하여 분석지역 내 등록된 차량 모집단에 대한 확실한 계층분류가 필요하다. 표본추출을 위한 기초자료로서 ZFZR은 모든 차량의 등록자료로부터 차량과 소유자의 72개 지표를 포함하며, 이로부터 모집단의 효율적인 계층분류가 가능하다.

- 차종(오토바이, 승용차, 3.5톤 미만 화물차, 3.5톤 이상 화물차, 기타)
- 이용자 그룹(개인, 법인 소유)
- 구동장치(오토, 디젤, 기타)
- 지역(지자체 형태)
- 기업분류
- 차량연식

6.7.1.4 오류원

오류는 일반적인 우편설문에 추가하여 대규모의 분산된 차량군을 소유한 차량소유자가 해당되는 운전자에게 차량운행기록부를 잘 전달하지 못할 경우 발생한다. 이 위험은 소유 차량군이 많아 표본으로 선택된 차량이 많을수록 더 높다. 많은 차량을 갖는 차량소유자에 대한 부담으로 회송 시 문제가 발생할 수 있다. 대규모 차량군 소유자의 높은 부담에 따른 낮은 응답률을 고려하여 세밀한 접촉이 필요하다.

6.7.1.5 데이터 분석

경험상 업무통행에서 기입되는 주소의 정확성은 80~90% 수준으로 정확하게 디지털지도에 코딩된다.

개별 계층 내 차량에 대한 설문결과는 ZFZR의 모집단의 해당되는 차량을 고려하여 가중되고 전수화된다.

6.7.2 운행거리와 연료소모 차량 – 소유주 설문

6.7.2.1 기법 특성

운행거리와 연료소모 수집을 위하여 오랜 기간(최소 2개월) 또는 2개월 간격의 반복조사로 차량 소유자에 대한 설문으로 수행된다. 이로부터 차량운행거리는 차량이용강도와 같이 다양한 분석분류에 따라 구분된다. 차량운행거리를 모든 차량에 대한 비교가 가능하도록 기준 값으로 환산하여야 한다. 주유기록부가 다양한 보고기간과 보고 시작과 종료시간에 편차가 있으므로, 차량운행거리는 일정기간(예 : 월)에 대하여 환산되어야 한다.

6.7.2.2 적용범위

장기간 차량 소유자의 설문 투입은 차량의 이용, 운행거리와 연료소모에 대한 데이터를 확보한다. 운행거리와 연료소모 변화에 대한 예측은 다수 반복 후에 도출된다(패널 설문). 이때 설문과 내용적인 분석의 연속성과 비교성에 유의한다(6.3.2).

6.7.2.3 수행지침

등록형태 차량이 다양하므로, 즉 개인적 또는 업무적인 목적으로 이용되므로, 허용종류(개인 소유와 법인 소유)와 차종을 가중과 전수화 시 고려한다. 다양한 구동형태도 고려한다.

회사에 소속되었거나 법인 소유면서 개인적으로 이용되는 승용차는 여객교통에서 매우 중요하다. 일반적으로 업무용 또는 회사차량이다. 개인 가구의 전체 차량대수에서는 비교적 적은 비율이나 차량운행거리가 길다는 특징이 있다. 회사차량에서 승용차 이용을 위한 "Flat rate" 형태이다. 고용인은 회사차량을 추가적인 비용 없이, 화폐화 감가상각을 제외하고, 이용할 수 있다. 이러한 이유로 이용에 대한 분리된 고려가 필요하다.

다음과 같은 사항들이 최소한 질의된다.

- 차종
- 적재공간
- 구동형태
- 주유 과정상 타코미터 상태
- 주유량
- 차 브랜드
- 차량 소유자
- 등록종류(법인, 개인)
- 주유 일자
- 연료 가격

승용차 특성을 고려한 표본의 모집단에 대한 전수화를 위하여 차량의 구분이 필요하다 (예 : 적재공간과 연식).

6.7.2.4 오류원

다음과 같은 오류원이 발생한다.

- 차량 소유자 설문 시 표본에 신규와 적재공간이 넓은 승용차가 포함되는지를 검토한다. 이는 "승용차 친화적인" 사람들이 조사에 참여할 가능성이 크기 때문이다. 경제적으로 여건이 좋은 가구가 조사 시에 높은 비율로 참여하게 된다.

○ 가장 빈번한 오류는 잘못된 또는 잊은 기입에 기인한다. 다수 차량 소유자가 해당 차량에 적절하게 기입하지 못하는 경우도 많다.

○ 종단과 횡단조사 시 유사한 오류가 발생한다(6.3).

6.7.2.5 데이터 분석

데이터 처리와 분석시 차량군 연료소모 이외에(모든 가중된 표본에 해당하는 차량의 평균 소모량) 운행거리 가중별 평균소모량을 산출한다. 이는 승용차가 다양한 적재공간 연식과 구동형태에 따라 다양하게 이용되기 때문이다. 평균 소모량 산출에서 다양한 연식과 적재공간과 구동형태에 대하여 차량 간 이용특성이 다양하다. 평균소모량은 독일 내 실제 차량 이용조건에서 100 운행 kilometer당 소모되는 연료이다.

6.8 데이터 분석과 데이터 문서화

데이터 처리의 내용과 조직은 데이터 조사의 목적에 따라 결정된다. 이와 무관하게 데이터들은 실제 수집된 상황만을 반영할 뿐만 아니라 시 계열 측면에서 비교할 만한 조사에 반영될 수 있어야 한다. 데이터의 품질 자체와 분석 및 문서화가 중요하다.

설문 데이터로부터 비교할 만한 시 계열을 구축하기 위하여 순수한 조사데이터뿐만이 아니라 모든 해당되는 데이터의 내용적, 방법적 정의가 수집되고 서류화된다. 결과 자체 수집만으로는 목적을 달성할 수 없다.

6.8.1은 요구되는 데이터 품질이 수용 가능한 부담으로 장기적으로 확보될 수 있는지 설명한다. 데이터 분석(데이터 저장, 코딩, 타당성 검증과 데이터 보정), 가중과 전수화 및 문서화가 이루어진다.

6.8.1 데이터 분석

데이터 분석은 설문 카탈로그에 기반하여 수집된 원시데이터를 오류 없는 분석에 적합한 형태로 전환하는 것이다. 이를 위하여 조사 이전에 모든 조사특성들의 코딩이 코딩계획으로 작성되어야 한다. 코딩계획은 분석의 추후 작업단계와 평가에 반영된다.

6.8.1.1 데이터 저장

확보된 정보를 어떻게 데이터뱅크시스템에 저장하고 이용하는지의 형태와 방법은 데이터 저장으로 표현된다. 현장단계에서 설문지향적 그리고 조사사무실의 현장작업의 요구에 부합되어야 한다. 수집된 특성은 해당되는 현장정보(접촉빈도, 설문일시, 설문기법 등)와 접촉데이터로 저장된다.

설문단위의 처리 또는 누락된 정보에 대한 추후접촉 등을 포함한 현장작업이 완료된 이후에 원시데이터를 새로운 데이터 구조로의 전환과정이 이루어진다. 이는 분석방향에 따라, 즉 데이터 분석의 필요성, 지표계산에 따라 구조화된다. 정보보호 차원에서 현장작업에서의 기초와 접촉데이터 수집 특성의 확실한 구분이 이루어진다.

통행설문 분야에서 데이터들을 집계 단계로 구분한다. 일반적으로 다음과 같은 사항들이 다루어진다.

- 가구 또는 기업 단계
- 사람 또는 차량 단계
- 통행 또는 운행 단계

데이터는 매 단계에서 분리된 데이터 또는 표로 저장된다. 명확한 패스워드를 통하여 각 단계가 상호 연계된다.

6.8.1.2 데이터 코딩

코딩은 설문에 제시된 내용을 데이터 분석의 기초자료로 암호화하는 것이다. 설문자로부터 수집된 내용은 데이터뱅크에 텍스트나 숫자로 저장된다. 설문응답을 각각의 숫자 코드로 배정하는 것이 코딩계획의 기본이다. 이때 최소한 "모름"(예 : 숫자코드 9999)과 "누락내용"(누락)은 명확히 구분된다. "0"을 이용하는 것은 금지한다. 필터로 제거되지 않는 지표들은 표식을 하도록 한다(예 : 취학 전 어린이의 운전면허 소지).

다수 응답일 경우 코딩에서 유의한다.

6.8.1.3 타당성 검증과 데이터 정제

데이터 셋의 타당성과 정제를 위하여는 이 작업단계가 결과 품질에 지대한 영향을 미치므로 충분한 시간을 확보토록 한다.

첫 번째 단계에서 데이터들이 조사서류에 정확하게 기입이 되었는지를 검증한다. 이는 전수조사, 표본조사 또는 통제질문에 의해 이루어진다.

정제된 데이터가 준비될 경우 내용적인 검증이 이루어진다. 먼저 모집단으로부터 알려진 지표 분포(예 : 연령, 국적)와의 비교와 수집된 데이터의 내용적 타당성에 대한 분석 등을 통한 표본의 대표성을 검증하게 된다. 타당성 검증을 위하여 데이터 조사는 물론 데이터 분석에 이용되고 상당한 타당성을 확보한 총 데이터 셋을 도출하는 명확한 규칙을 정의한다. 타당성 검증 원리는 값의 범의와 배정 규칙이다. 두 개의 규정형태가 반영된다.

- 제한(규칙 침해 시 타당하지 않음)
- 경고(규칙 침해 시 어느 정도 타당하지 않을 수 있음)

여러 날 조사 시 타당성 검증을 위하여 다양한 데이터가 확보될 수 있어 추가적인 방안이 된다. 만일 다음 날 집에서 첫 번째 통행이 시작되면 전날 기입 하지 않은 마지막 통행을 귀가로 보완할 수 있거나 일상적인 통행행태일 경우 보고되지 않은 통행목적을 보완할 수 있다.

설문자로부터 제시된 통행길이와 통행시간을 검증하는 것이 바람직하다. 경로산출소프트웨어 또는 GIS이용을 통하여 추후 계산되고 검증되어 제시된 내용의 정확성을 향상할 수 있다. 이때 가정은 모든 통행의 시작과 종료 지점의 일관되고 명확한 주소코딩이다. 독일 전역의 좌표시스템(Geo-Coding)과 연계할 수 있다. 이때 정보보호 측면을 고려하여야 한다. 통행발생－유입－분석 또는 도시지역별 분석을 위한 통행데이터의 활용성을 높이기 위해 교통 존에 대한 시작－과 종료지점의 코딩을 제공한다. 이는 자동적으로 데이터의 높은 익명화를 이끈다.

표 6.8 비 타당 데이터 셋과 처리 사례

검증조건	조건 만족 시, 평가	규칙형태
표본일 마지막 통행 AND "귀가"가 아닌 다른 목적	타당하지 않을 확률	경고
시작시간 < 이전 통행의 종료시간	타당하지 않음	제한

데이터 정제의 결과에서 데이터 셋 또는 개별 변수가 변경되고, 보완되거나 예외적으로 분석 시에 배제되거나 지워지게 된다. 설문지의 다른 내용으로 보완 또는 수정이 불가능한 불완전 하거나 오류를 포함한 설문지는 추출되어 활용불가로 정의된다. 필터 그리고/또는 통제질문의 투입은 설문도구 내 개별응답의 품질을 검증하거나, 오류 있는 응답을 도출하여 수정할 수 있게 한다.

데이터 분석에서 데이터 셋은 추가적인 데이터나 정보원을 활용하여 완전해질 수 있다. 예를 들어 공간형태, 기상상황 또는 표본일의 특수상황(예 : 대형행사, 시위)에 관한 정보들이 해당된다. 기상정보는 설문지에서 수집되거나 기상정보로부터 확보할 수 있다.

이외에 분석을 위하여 관련된 현장정보를 넘겨 받거나 타당한 원시자료로부터 산출된 추가적인 지표를 대체할 수 있다(예 : 평균속도 또는 주 교통수단 확인). 예를 들어 하나의 통행에 다수 교통수단 이용 시 교통수단 위계를 통하여 주 교통수단의 명확한 정의가 가능하다. 다음과 같은 위계에 해당하는 순서가 추천된다.

항공기 > 열차 > 도시철도 > 지하철 > 노면전차 > 버스 > 택시 > 승용차 자가 > 승용차 – 동승 > 오토바이 > 자전거 > 보행

항공기가 교통수단으로 포함된 통행고리는 항공기가 가장 먼 거리를 이동했다는 전제하에 교통수단 "항공기"로 배정된다.

가중과 전수화 계수도 데이터 셋에 배정된다.

6.8.2 가중치와 전수화

2장에서 대부분의 가중과 전수화 절차가 제시되었다.

언급된 가중치 이외에 비응답(Non-Response)과 비수집(Non-Reported-Trips)을 고려하는 추가적인 보정방법이 있다. 이 효과를 위한 보정계수는 매우 기법 기반적이어 동일한 기법에서의 일관된 적용만 가능하다.

조사 문서화에는 가중과 전수화 기법이 설명되고 기본 데이터가 제시된다.

6.8.3 | 데이터기록과 문서화

이용자가 사용하는 소프트웨어와 무관하게 데이터는 추후 이용자들을 위하여 ASCII 포맷으로 저장된다. 추가적으로 문서화가 일반적으로 접근 가능한 데이터포맷으로 정리된다 (코드계획과 설문 문서).

조사데이터의 출판은 기존의 인쇄물에서 점차 전자문서로 전환 중이다. '숫자로 본 교통' 과 같은 저장장치의 발송 이외에 인터넷 기반 문서형태도 가능하다. 온라인 통신의 발달로 데이터 이용자는 자신의 특별한 분석목적에 따라 상호적인 과정의 분석을 수행할 수 있다.

문서화에 대한 흐름도는 1.7에 제시되었다. 문서화는 최소한 표 6.9의 질의에 대한 답변을 포함하여야 한다.

표 6.9 데이터 문서화 최소 제시내용

메타 데이터 영역	내용
수행기관	(예) 발주처, 담당자, 재원조달 기관
조사단위	(예) 인구, 가구, 그룹, 행정
모집단	(예) "2009.12.31 기준×도시의 독일 국적인×세인 인구"
추출기법	(예) "연령, 성별과 도시지구에 따른 계층 우연수 추출"
단위 총합	(예) 총표본수, 회수, 활용 가능 표본
결과 대표성 예측	(예) 오류 내용
분석 시간	(예) 횡단면 연구, 패널설문, 추세연구
현장단계 시점	시작과 종료
조사공간	필요할 경우 공간적으로 구분(예 : 도시지구별)
통신형태	(예) 우편, 전화, 구두, 온라인
조사기법	(예) 가구설문, 현장설문
조사도구	적용된 설문지 표본이 원본에 삽입필요
코드계획	이용된 코딩 설명
가중치와 전수화 기법	가중치와 전수화 종류, 기본 데이터
데이터 품질	데이터 타당성, 비응답과 품질분석 지침
데이터 기록	2차 분석을 위해 데이터 셋을 요구한 기관 명

가설적 상황에서의
행태반응 조사

Department of Civil Eng. Major: **Traffic Engineering**

실제 상황에의 계측 가능한 행태 이외에 가설적 상황(stated preference)에 대한 사람들의 가능한 행태를 현재 또는 미래 상황에 대해서 수집할 수 있는 기법이 있다. 원리는 예를 들어 교통수단, 경로와 목적지 선택은 물론, 출발시간 선택 또는 가구의 차량에 대한 선택 등을 이해하기 위한 대안 간 결정에 관심이 있을 경우의 질문에 적용될 수 있다. 이때 설문 자는 가능한, 또는 장래 상황을 상정한 선택에 반응하여야 한다. 이러한 상황들은 체계적으로, 다시 말하면 사전에 정의된 계획에 따라, 생성되어 조사 이후에 장래 상황과 반응에 대한 행태 가설을 통계학적으로 검증할 수 있어야 한다. 방법론적인 불완전성에 따라 결과에 있어서 큰 오차가 발생할 수 있다. 그리고 가설적 상황에 대하여 수행된 평가가 실제 상황에서 무조건 발생하여야 한다는 것은 아니다.

상세한 정보는 "Stated Preference 기법을 활용한 선호 구조 측정을 위한 가이드라인"을 활용한다.

7.1 적용분야

설문이 특정한 가설로 영향요소와 기능적인 연관성을 고려하는데 초점이 맞추어져 있기 때문에 가설적 상황에 대한 설문은 행태에 대한 영향요소를 산출하는 데 적절하다. 첫 번째 단계에서 행태 가설이 사전에 정확하게 구성되어야 한다. 모든 실험은 설문자에 대하여 다수의 결정과정을 포함하고 있다. 그러나 제한된 수의 영향요소와 기능적인 관계만이 분석될 수 있다.

Conjoint 분석, Contingent 가치, 직접 이용측정, stated preference 원리와 stated-response원리는 설명된 개념을 구현하는 명칭들이다.

원리는 실제 상황에서의 계측된 행태가 해결책을 제시하지 않을 경우 활용된다. 다음과 같은 필요한 경우가 있다.

o 행태대안이 부족하거나 설문자의 사회인구적 상황에 있어서 변화에 따른 새로운 행태 가능성이 발생할 경우
o 영향요소가 아주 적게 변하거나 상관성이 높아서 신뢰할 수 있는 변수 추정이 어려울 경우(예 : 도심지역의 동일한 대중교통 요금)

표 7.1 가설적 상황의 설문 분류

		판단상황, 특성, 전제조건	
		사전 제공	수집
대안	사전 제공	"Stated Preference" 이럴 때…, 당신은 무엇을 할 것인지?	"Stated tolerances" 어떠한 상황일 경우 다음과 같이 행동하겠는지?
	수집	"Stated adaptation" 그럴 경우…, 당신은 어떻게 다른 것을 할 것인지? 그럴 경우…, 당신은 어떻게 결정한 것인지?	"Stated prospect" 어떠한 조건에서 어떻게 다른 것을 할 것인지/다른 것을 결정하겠는지, 그리고 그럴 경우 어떻게…?

- 계측된 행태를 인지할 수 있을 정도로 결정요소의 영향이 고려되는 상황의 다른 특성에 비교하여 전반적으로 너무 약할 경우(예 : 교통수단 선택에 있어서 대중교통 – 차량 내부 디자인에 대한 영향)

다음은 설문의 구현에 있어서 원칙적인 차이들을 고려한다(비교 표 7.1). 이때 다음과 같은 사항들이 구분된다.

- 고정된 사전 대안들 간에 설문자가 추출되어야 하거나 대안을 설계할 수 있는지 여부
- 가설된 상황들이 상세히 묘사되었거나 설문자가 스스로 특성 결정이 가능한지 여부

가장 일반적인 원리는 stated preference이고 다음과 같은 하부 형태를 갖는다.

- Stated preference(하나의 scale에 대한 대안 평가)
- Stated choice(다수 대안으로부터 하나의 선택)
- Stated ranking(다수 대안의 순위설정)

현실에서는 stated choice 원리가 선호된다. Stated choice 원리의 장점은 다음과 같다.

- 설문자에 대한 "숙제의 자연성"
- 분산된 결정모델
- 최적 시도계획 산정을 위한 확보된 기법
- 설문 수행을 위한 적절한 SW의 확보
- 표준도구의 데이터 분석(통계적 이용 프로그램)

표 7.2 복잡한 stated choice 결정상황 사례 (어떤 차량을 구매하겠는지요?)

	A	B	C	D	E	F	G
100 km당 연료비용	5 EURO	10 EURO	5 EURO	20 EURO	10 EURO	20 EURO	10 EURO
구매비용	11250 EURO	18750 EURO	18750 EURO	15000 EURO	18750 EURO	11250 EURO	15000 EURO
구동종류	Hybrid	전기	천연가스	경유	Bio 연료	휘발유	수소
엔진성능	101 PS	101 PS	101 PS	135 PS	169 PS	169 PS	135 PS
CO_2 배기량	130 g/km	90 g/km	250 g/km	90 g/km	없음	250 g/km	130 g/km
주유망 (연료 주입 가능 주유소 %)	60%	20%	20%	100%	20%	60%	100%

○ 모델 추정에 있어서 전통적인 설문과 stated choice 결과를 동시에 사용할 수 있는 가능성

표 7.2의 사례를 제시한다.

7.2 기본 절차

이러한 종류의 일반적인 실험은 서면 설문으로 수행되나, 결정상황은(인터넷을 통해) 컴퓨터 화면으로 제시될 수 있다. 결정변수의 수가 매우 적을 경우(2 또는 3개) 전화설문이 고려될 수 있다.

상황의 가장 유사한 현실이 추천될 경우 과거의 설문자에 해당하는 결정에 기반하여 실험을 설계할 수 있다. 특정 경로, 마지막 휴가장소 또는 마지막 출근 시 출발시간에 대한 교통수단을 말한다.

모든 이러한 절차는 설문자가 제시된 가상 상황을 완벽히 상상하고 주체적으로, 진실한 결정을 내린다는 가정을 전제로 한다. 이는 제안된 대안평가에 있어서 솔직하며 전략적인 의도가 배제되어야 함을 의미한다. 이러한 설문은 설문자가 설문결과가 설문주체자의 결정에 어느 정도 영향을 미친다는 확신을 갖고 있을 경우에만 수행되어야 한다. 그렇지 않을

경우 전략적 또는 우연하게 답변할 위험이 존재한다. 실질적인 경험은 설문자에게 있어서 솔직한 답변이 가장 단순한 전략임을 나타내고 있다. 분리된 설문도구를 통하여 설문자의 태도를 주제와 연관된 측면을 추가적으로 수집할 수 있도록 하는 것이 바람직하다(예 : 교통수단에 대한 상상, 공공 서비스에 대한 재정 등에 대한).

절차는 앞에서의 설명에 근거하여 stated-choice-principal에 대하여 다음과 같이 설명된다. 개발 초기에 3단계로 이루어진다(그림 7.1).

실험 대상 행태 가정에 대한 정의 가설로써 어떤 대안과 어떤 영향요소들이 관계가 있는지를 결정한다. 예측은 이러한 대안과 영향요소에 대한 것만이 가능하다. 추후 모델링과정에서는 고려되는 영향요소의 강도와 방향에 대한 예측을 할 수 있는 것만이 허용된다. 이는 누락된 중요성의 확인까지 포함한다. 크기의 수 이외에 사전에 어떤 기능적인 형태들이 추후 모델링과정에 반영이 되어야 하거나 어떤 중요한 상호작용들이 추측될 수 있는지 결정되어야 한다. 추측된 기능적 형태는 선형, 2차원, 비선형 등으로 결정되고, 필요한 변수들을 결정하기 위하여 실험에서 얼마나 많은 다양한 지표의 특성들이 제시되어야 하는지를 결정한다(결정상황). 선형관계에 있어서 이는 최소한 두개의 특성을 요구하며, 이차방정식이나 단순 비선형 형태일 경우 최소 3개가 필요하다.

- 결정 틀의 정의 : 결정은 배경과 상황에 의하여 영향을 받는다(예 : 동행자 수, 수하물, 소요재원, 통행목적). 분석 시 설문자의 여건이 상세하게 묘사되고 제시되어야 한다. 묘사가 정확할 수록 설문자의 응답의 신뢰도가 높아진다.
- 상황의 정의 : 세 번째 단계는 실험이 수행되어야 하는 상황을 결정하는 것이다. 상황과 가설은 상호조화되어 대안과 이들에 대한 영향이 일관성을 확보하여야 한다. 여기에도 시장분류의 세부적인 체계가 개선된 결과를 가능하게 한다.

가설과 여건과 상황들로 원칙적으로 결정이 이루어지며, 이들의 수행이 적절한 실험으로 구성되어야 한다. 그림 7.1은 사례를 나타낸다.

설문양식으로 설문자 프로토콜의 종류가 결정된다. 서면-우편, CASI, CAPI 등(6장 참조). 상황결정으로부터 특정한 장소나 특정한 방법만이 효율적으로 접근하는 제약이 발생하기도 한다. 예를 들어 자주 비행을 하는 업무 통행자들은 가장 쉽게 공항에서 찾을 수 있으며, 이들은 CAPI 설문이 적절하다.

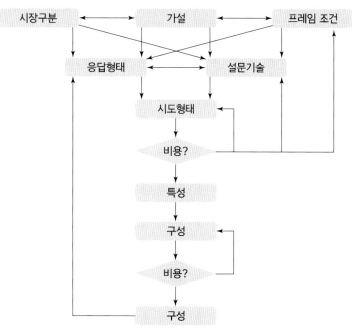

그림 7.1 가설적 상황에서 설문 절차

시도 양식은 다음과 같이 결정된다.

- 실험이 사전에 정의된 특징들로 진행되거나 설문자의 경험에 기반하여 특징을 구성하는지 결정
- 이러한 연관된 변화가 사전에 고정되거나 사전에 설문자의 응답에 따라야만 하는지 결정

많은 경우 인터뷰 며칠 이후에 서면 설문이 진행되며, 적절한 결정이 수집되고 실험에 참여여부가 결정된다. 추가적인 작업 이전에 비용 추정이 수반되어 확보된 재원으로 필요한 작업들이 수행이 가능한지를 검토한다. 대략적으로 말하면, 신뢰성 있는 파라미터 확보를 위하여는 매 결정상황에 대하여 30명, 나아가 모든 상황과 여건에 대하여 50명의 설문자 응답이 필요하다. 필요한 결정 상황에 대한 수는 영향요소의 특징과 추측되는 상호작용에 관련하여 기하급수적으로 증가한다. 각각 2, 3, $\cdots$, k 특징을 갖는 n_2, n_3, $\cdots$, n_k 영향인자를 갖는 대안에 대하여 총 $2^n{}_2$, $3^n{}_3 \cdots$. $k^n{}_k$의 결정상황이 발생한다. 검증 시 영향인자에 대한 직접적인 효과와 몇 개의 적은 상호작용들이 어느 정도 복잡한 가설에 있어서 종종 50에서 60개 정도의 결정상황이 필요하다.

비용은 매우 급격히 증가될 수 있으며, 특히 피로감이나 참여거부를 방지하기 위하여 계획실질연구에 있어서 설문자가 최대 10~12 결정크기를 갖는 최대 10~15의 결정상황이 확보되어야 한다. 매우 보수적으로 추정될 경우 다음과 같은 공식에 따라 비용이 산출된다.

$$\text{비용 } SC = \frac{\text{유로}}{\text{설문자}} \, n \text{시장구분} \, n \text{프레임 조건} \, \frac{n \text{결정여건}}{10} \, 50 \, \frac{\text{설문자}}{\text{회수율}}$$

남은 작업절차는 제시된 특징, 설문 구성에 대한 최종 확정을 포함하고(설문지, 웹사이트, CASI-Interview), 이어서 시뮬레이션과 Pretest를 통하여 도구에 대한 검증이 이루어진다. 특징들이 조합되는 실험계획은 다양한 기준에 의하여 생성될 수 있다.

○ 직각 실험계획, 영향요소 간의 상관성이 없는 계획
○ 분산된 결정모델에 도달하기 위해 최적 상관구조를 갖는 실험계획

가능한 오류원은 설문자의 진지성 결여이다. 이는 명확하거나 설문자의 계측된 상황에 해당하는 결정상황을 제공한 후 설문자의 답변으로부터 검증할 수 있다. 나아가 설문자가 결정지표들을 상호비교 또는 하나의 지표만을 고려하였는지도 판단하여야 한다(예. 승용차 구매 실험 시 구동형태).

7.3 데이터 처리와 데이터 문서화

Stated-preference설문은 결정이나 판단을 수집한다. 원칙적으로 각각 하나의 명확한 설문자 번호, 결정 상황과 이에 따른 결정에 수집되어야 한다. 모든 다른 지표들은 분석 이전에 이해되어야 한다. 일반적으로 이러한 이해는 이미 데이터 셋 수립의 일부분으로써 모든 설문자의 모든 결정에 대하여 아래의 내용을 포함하여 하나의 설명문으로 포함되어 있다:

○ 설문자와 가구번호
○ 결정상황의 번호
○ 결정
○ 설문자와 결정상황에 대한 영향요소의 특징

- 알려진 수준의 설문자 사회인구적인 속성과 행태에 대한 특징

추후 동일한 추정 시 활용 가능하도록 설문자의 계측된 실제적인 결정을 저장하는 두 번째 유사한 데이터를 생성하는 것을 추천한다.

타당성 검증은 위의 오류원에 기반하여 수행된다. 실제 상황이 아니기 때문에 결과는 실험계획에 영향을 받게 된다. 이는 따라서 결과 재생에 대한 사전과 조사의 사후 시 민감성을 검증하여야 한다.

설문자의 결정 분석에 따라

- 일관되지 않게 응답하지 않는 설문자를 추후 분석 시 배제(예 : 제시된 수치에 상관 없이 항상 설문지의 좌측 칸의 대안만을 선택하는 응답이다)
- 자신의 행태에 아주 심각하거나, 또는 어느 정도 가능성이 있음에도 불구하고(예 : 브랜드와 상관없이 적색 승용차만을 구입) 사전적 화법(다른 요소들은 배제한 상태로 결정지표에 기반한)으로 응답한 설문자
- 예를 들어 교통수단 실험 시 그러한 선호도가 상상 가능함으로 일반적으로 표본에서 배제된 승용차만을 단지 하나의 대안으로 선택하는 설문자. 그러나 이 경우 분석 시 지표에 대한 이들의 영향을 분석하기 위하여 이들을 반복하여 포함시키지 않는 것이 의미가 있다.

다른 데이터들은 가설적이거나 통제가 설문의 일부로써 실질적인 행태로 수반되기 때문에 오류가 있는 것으로 간주한다.

필요한 가중치는 데이터 분석의 일부이다. 명시적 분석과 비선형 효용함수에 대하여 예를 들어 탄력성 분석, 모집단 경계값들에 대한 가중이 필요하다.

정성적 조사기법

Department of Civil Eng. Major: **Traffic Engineering**

계측과 계산에 의하여 통계적인 대표성을 표현하는 정량적 접근방법에 반하여 정성적인 조사기법은 설문자의 고용, 지식과 행태를 근거화하기 위한 조사기법으로 정성적인 조사기법이 우선적으로 활용된다. 이에는 일상적인 경험, 지리적 지식과 주관적인 평가가 포함된다. 특히 특별한 조건 또는 이용자의 "정책적 접근"으로 형상화되는 정성적인 기법은 삶의 관계(예 : 현상 분석 시 문제의식)와 이와 실제적으로 연관된 요구(공공 공간의 요구) 등을 살펴보게 한다. 설문자는 각각의 계획에 적용되며 이들의 지식은 대화에 기초한 계획과 결정과정에 반영되어 활용된다.

8.1 원칙적 접근방법

교통계획에 활용될 수 있는 정성적 조사절차의 방법은 정성적 인터뷰(8.2.1 참고), 그룹토의(8.2.2 참고)와 이른 바 참여기법(8.2.3 참고) 등이다.

원칙적인 수립절차는 조사에 대한 사전준비, 사전 테스트, 수행, 분석과 평가를 포함한다. 정성적 자료의 분석 이전에 부담이 많지만 필수적인 분석과 해독(음성과 시각자료의 문서화)이 필요하다. 목표 설정과 계획된 분석기법에 따라 적절한 평가기법을 선택하도록 한다. 이때 다음과 같은 문서화 기술이 구분된다.

- 단어적 해독 : 완전한 문장 수집. 개별적인 진술의 관련성을 분석하게 함. 언어적 음성 표기법 또는 일반적인 독일어로써 국제적 음성 알파벳(International Phonetic Alphabet: IPA)에 따른 분석
- 언급된 기록 : 단어 기록에 대한 주요 내용의 확정(휴식, 음성, 특별한 음색 등)
- 종합적인 기록 : 자료 감소에 기여. 녹음기로부터 직접적인 방법적으로 통제된 종합분석. 다량 데이터의 처리에 적절하며 이해관계에 따라 자료의 내용적 주제별 측면만을 분석
- 선택적 기록 : 주제에 벗어난 정보를 갖는 다량의 자료 시. 사전에 정의된 기준으로 특정 정보 수집. 잔여 자료는 폐기됨
- 서술적 시스템 설계 : 분석기술 영역에 대부분 포함. 자료를 다양한 목차로 분류하는 시스템 이론의 도출. 표본순환을 통한 자료에 대한 설명적 시스템의 조정

가장 활용이 많은 형태는 종합적인 것과 선택적 기록이다. 수행되는 데이터 수집의 종류와 방법에 따라 정성적 해석기법의 분석 또는 정보의 정량적인 평가로 수행된다. 조합도 필요할 경우 가능하다.

8.2 기법

기법 선택에 있어서 연령과 사회구조로부터 도출되는 요인들을 주의하여야 한다. 다음과 같은 요인들이 적절하다. 집중 가능 시간, 주제의 복잡성, 추상력, 기법구축, 표본의 자체적 작업이다.

8.2.1 정성적 인터뷰

인터뷰 시 다양한 주제에 대한 개인들 간의 대화정보가 수집된다. 이러한 경험적 사회연구의 표준기법은 사실과 행위는 물론 견해, 태도, 평가와 이들 배경에 대한 수집을 가능케 한다. 인터뷰를 통하여 문제점과 필요한 계획내용이 수집되거나 대안의 수용과 영향이 측정된다. 정성적 인터뷰는 수용성 측정 대책의 성공여부와 효과 분석 시 이용하게 된다.

고정적으로 구성된 폐쇄된 그리고 개방된 설문지에 비하여(비교 : 이에 관해 6.2.1.3의 개인 설문 기법 참고) 정성적 인터뷰는 언어적 데이터의 정성적 조사를 위한 전형적인 형태로서 간주된다. 표준화 수준과 구조에 따라 정성적 인터뷰의 다양한 형식이 구분된다(비교 : 그림 8.1).

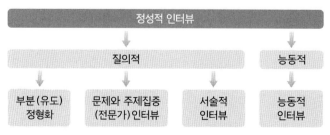

그림 8.1 정성적 인터뷰의 개요와 구분

여기에는 부분 정형화 또는 정형화 되지 않은 인터뷰(유도 인터뷰)와 문제 중점 또는 주제 중점 인터뷰(전문가 인터뷰로 표현)가 속한다. 나아가 대화 주제가 상당히 개방된 내용의 이야기체와 인생측면에서의 인터뷰도 활용된다. 정성적인 인터뷰의 특별한 형태는 능동화된 설문이다. 정성적인 인터뷰는 설문자나 가구의 구두로 진행되는 개별 설문 형식이다(그룹 인터뷰 8.2.2 참고). 이는 답변 제시가 주어지지 않는다는 큰 차이점이 있다.

정성적인 인터뷰 모든 종류의 공통점은 개방원리, 교류 원리와 연구자의 주체성의 고려이다(표 8.1 비교).

표준화된 인터뷰에서는(완전 구조화된) 설문의 순서와 단어가 연계되어 명확하게 제시된다. 이는 따라서 "중립적인" 성격을 갖는다. 이러한 측면에서 이러한 인터뷰는 구두 설문조사와 크게 다르지 않다. 이와 유사하게 비교 가능하거나 정량적으로 분석 가능한 데이터의 수집에 적용된다. 반면에 태도, 평가와 이에 대한 배경에 대한 정보를 수집할 경우 완전히 구조화된 설문은 추천되지 않는다. 이 경우 부분 구조화된 인터뷰가 선호된다(표 8.1 참고).

표 8.1 정성적 인터뷰 개요

기 법	개 요	내용/장단점
부분정형화 인터뷰 (도입 설문)	응답 예시가 없으며, 대화 도입에 치중하고 설문자에게 그들의 입장과 경험에 대한 표현을 최대한 보장하는 인터뷰 형태	• 수행과 분석 시 시간 절감 • 주제별 특화되어 투입 가능 • 의견과 견해 파악에 중점 • 가설 생성으로써 가설 검증 측면 • 질의가 예시되지 않기 때문에 주제 설명에 대한 여지가 적음
문제 집중형 (주제 집중형) 인터뷰	이 양식은 주제별 방안 부족한, 주제별 도입부에 특화에 느슨한 연계를 가지며, 설문자가 가능한 임의로 조정하는 것을 배제하고 자유스럽게 설명하도록 함	• 최대한 개방되나, 이론적으로 사전에 구조화 • 수행 시 상대적으로 유연함 • 가설 검증과 생성 • 개인적 견해/경험/인터뷰어의 문제점 관점
서술체 인터뷰	설문자가 주제별 관련 있는 경험을 설명할 수 있도록 개방된 양식	• 설문자 측면에서의 여건에 대한 해석 • 설문 – 응답 – 계획이 아닌 스스로 경험한 결과를 이야기하는 것을 요구 • 대응차원에 초점을 둔 인생관과 연계된 설문 구성으로 자주 활용됨 • 처지와 기억과정을 촉발하는 데 가장 유용함
능동적 인터뷰	정보가 수집되어야 함은 물론 스스로 사고하고 대응과정을 유발시켜야 하는 인터뷰의 특별한 양식	• 매우 개방적 • 질의자는 중립적으로 대하지 않고 논의과정에 개입 • 사고와 대응행태가 연구될 수 있음 • 질의자의 충분한 정성화가 필요함 • 결과의 품질은 질의자 능력에 관계됨

인터뷰 성공에 있어서 중요한 것은 인터뷰 목적에 대한 인터뷰 종류와 기법의 정확한 방향과 지각을 도출하는 질의와 인터뷰의 발신인들이다. 목표 설정(예를 들어, 신속한 데이터 수집, 사전정보, 지역적 특성 수집)과 설문되는 그룹과 관련하여 질의들이 설문자의 여건들을 주의 깊게 전가되도록 하는 것이 중요하다.

다음과 같은 원칙들이 고려되어야 한다.

o 모든 설문자들은 질의로써 명확한 구성을 요구하는 것뿐만이 아니라, 설문자의 개념구상에 대한 일관된 구조와 연계되어야 한다. "주택주변"과 같은 표현은 예를 들어 전문가들에게는 일반적으로 이해될 수 있으나, 일상생활에서 주거지역의 많은 거주자들에게는 적당한 것을 찾기 어렵다.

o 인터뷰 도입은 광범위한 설문 이전에 일부 그룹을 대상으로 테스트되어야 한다.

인터뷰 수행을 위하여 다음과 같은 내용들이 추천된다: 정성적 인터뷰 시 통상 1~2 시간 정도 소요될 경우 녹음기를 사용하여 기억을 보완할 수 있도록 한다. 설문은 따라서 "데이터 도출"이 아닌 사회적 교감, 대화로 이해되고 구성되어야 한다. 이는 연습을 전제로 한다: 인터뷰 교육은 일반적으로 필요하다. 특히 심화 인터뷰 시 실험 인터뷰는 교육받은 전문가 입회(Supervision)하에서 수행되는 것이 바람직하다. 그림 8.1에 따라 정성적인 인터뷰는 질의 형식과 촉발 형식의 인터뷰로 구분된다. 다음에는 이들 개별적인 기법이 설명된다.

8.2.1.1 질의 형식 인터뷰

사전 구조의 수준은 매우 다양할 수 있고 매우 다양한 사전 형식화된 질의의 상대적으로 좁은 도입에서부터 매우 개방된 "주제별 형태"에 이르기까지 폭이 넓다. 마지막 인터뷰는 표준화되지 않은 인터뷰로 표현된다(비구조화, 자유로운, 개방된). 비구조화나 부분 구조화 인터뷰에서 대화진행은 대화 여건이나 개인특성에 관계된다. 중요한 것은 그러나 질의 개방된 응답이다.

문제 집중형 인터뷰는 설문자에게 개방되거나 반 개방된 인터뷰 상황을 구성하는 형태로 특별한 문제 설정을 가능하게 한다. 인터뷰어의 주의력은 편안한 주제별로 지향된 도입의 형식으로 모으도록 한다. 주제 복잡성에는 전문가 설문이 해당된다. 여기에는 직업적인 위치나 다른 탁월한 특성으로 주제범위에 대하여 전문지식을 갖는 "전문가" 설문이 해당된다.

이야기체 인터뷰에서 대화의 틀은 더욱 개방된다. 설문자는 특정한 주제에 대하여 매우 자유스럽게 설명할 수 있도록 분위기를 형성토록 한다. 이야기 자체가 설문 시점에서의 인상을 도출하는 가장 최적화된 일반적인 교류 형태의 경험된 결과를 나타낸다. 이러한 대화의 진행을 위하여(설문시행자에 대한) 강한 규정이 있다. 특히 대화를 시작하기 위한 도입에만 국한하고 "왜? 질의"는 하지 말아야 한다.

8.2.1.2 능동적 질의

능동적 질의 또는 능동적 설문은 정보를 수집하거나 사고방식과 행동과정이 어떻게 유발되는지를 살펴 볼 수 있는 정성적 인터뷰의 특별한 형식이다. 질의는 주제와 개방적으로 설계된 질의를 포함하는 짧은 대화 도입으로 수행된다. 이전에 설명된 질의 형태와의 큰 차이점은 질의가 단지 정보수집을 목적으로 하는 것 만이 아니라, "원동력 제공"을 한다는 것이다: 생각 가능한 측면과 행동 가능성이 표현되어야 한다.

설문자는 더 이상 "중립적"이 아닌 분석범위 내에 영향을 미쳐야 한다. 능동화된 질의에 대한 이론적 배경은 행동과 행위연구이다. 사회적 구조와 문제를 단지 설명하고 분석하는 것뿐만이 아니라 이에 영향을 미칠 수 있는 것을 연구하는 하나의 학문적 개념을 포함한다.

8.2.2 | 그룹 토의

그룹 토의는 사전에 정의된 특성에 따라 초청된 사람들의 사회가 있는 토론의 장이다. 그룹 토의에서(초점 그룹으로 명칭되는) 대화가 위주이다. 이때 무엇보다도 그룹핑 과정, 특히 의견 개진의 진행과 견해차이가 수집된다. 대화는 일상적인 교류와 유사하며, 자연스러운 수집여건을 조성하고 특히 비교적으로 덜 왜곡된 결과를 도출한다. 목적은 분석대상에 대한 폭 넓은 의견 수렴을 위한 사회적으로 관계된 견해, 집체화된 행태와 행동양식을 수집하는 것이다. 그룹 토의는 다음과 같은 내용을 위하여 적절하다

○ 상세한 의견 개진을 수집하기 위하여
○ 주제에 대한 견해의 폭에 대한 개념을 얻기 위해
○ 심화된 의식구조에 접근하기 위하여
○ 견해 형성과정의 진행을 문서화하기 위해

그룹 토의는 정량적으로 대표되는 결과를 산출하는 데는 적합하지 않다. 이 기법은 표준화된 설문과 비교하여 수집여건의 개방성으로 인하여 원칙적으로 경험의 배경을 수집하는

데 활용된다. 따라서 계획된 대책에 해당되는 그룹들은 비공식적인 대화상에서 그들의 일상적인 희망, 우려를 도출할 수 있도록 이 대책들에 대해서 논의하도록 한다.

그룹 토의 시 그룹의 구성이 중요한 의미를 갖는다. 그룹 토의는 통상 5에서 15명의 참여자를 갖는다. 참여의 최소 기준은 토의 대상이 되는 참여자에 해당된다.

그룹 토의 시 준비할 것은, 개방식 인터뷰와 유사하게 관련된 주제관점의 확인을 통하여 토의 진행 시 논의될 사항들이다.

가능한 흐름은 다음과 같다.

- 토론을 위한 이야기 촉발 내용(도입)
- 비직접적 토론과정 : 개별적 관점 교환, 관점 도출, 토론 유도를 통한 추가적인 토론 유도 도입
- 토론 평가를 위한 meta 토론

그룹 토론 내에서 수행 시 개별 참여자에 대한 영향력이 적기 때문에 참여율이 높지 않을 가능성이 많다. 참여의지와 참여자의 능동성에 있어서 높은 기준이 요구된다. 도입의 수준에 있어서도 사회 능력에 있어서 특별한 능력이 요구된다.

8.2.3 참여 기법

참여(또는 상호) 기법에는 상상과 희망, 문제와 해결방안 수집을 위한 기법으로 이해된다. 조사방법은 계획에 있어서 다양한 그룹의(예 : 어린이, 청소년, 노령층, 이민자 등) 참여를 위한 기법으로 투입된다. 언급된 그룹에 대하여 추가적으로 아래의 사항들을 조사 준비 시에 최소한 포함시키는 것이 도움이 된다.

- 해당되는 전문능력을 갖는 사람들(예 : 교육능력, 경찰, 복지기관 또는 청소년 기관의 조력자)
- 해당되는 사람들(예 : 부모, 거주자)

기법은 다음에 따라 다양하게 선택된다.

- 조사 목적에 따라
- 이용 그룹에 따라
- 사회적 경제적 여건에 따라

- 가구의 모든 구성원들이 다음의 질문에 답해주세요.
- 가구가 5명 이상일 경우 조사에 참석하는 가구원 중 나이가 많은 순서로 기입해 주세요. 해당되는 연령에 기입해 주세요.

이름 (가구원이 통행일지를 기입할 경우에만 작성) 성　별 : 남성 　　　　여성 출생연도 :	최연장자	두 번째 연장자	세 번째 연장자	네 번째 연장자	다섯 번째 연장자
누가 이 설문지를 작성하는지 기입하세요.					
최고학력 고등학교 미만 　　　고졸 　　　대졸 　　　대학원 이상					
직업 고용 : 　　　정규직 　　　시간제 근무제 교육중 : 　　　재학 중 　　　직업교육 중 　　　비고용상태 　　　전업주부 　　　은퇴자 　　　어린이/유치원 　　　어린이/미취학					
작년에 직장이나 학교를 옮겼는지요? 　　　예 　　　아니오					
건강 상 문제로 통행에 지장이 있는지요? (보행장애, 시각장애, 다른 제한) 　　　예 　　　아니오					
직장 위치/교육 장소/학교/고등학교 또는 유치원 　　　대도시 도심(10만 이상 인구) 　　　도시외곽/대도시 주변도시 　　　중규모 도시 도심(2만~10만명) 　　　중규모 도시 외곽/주변지역 　　　소도시/큰 마을(5천~2만명) 　　　소규모 마을/작은 마을(5천 미만)					

다음에는 다양한 기법과 투입 가능성에 대한 개요가 제시되었다.

8.2.3.1 회화적 기법

회화적 기법은 제기된 과제를 이해하고 이러한 회화적 기법으로 알려줄 수 있는 준비가 되어 있는 사람들이 그림으로 그릴 수 있다는 것을 전제로 한다. 지시 방법에 따라 완성된 회화(예. 거주지 주변, 확대된 환경, 통학길)는 지식, 구조, 객체 또는 사람들로서 문서화된다. 이상적인, 희망하는 또는 두려워하는 조건들이 그려지는 것이 가능하다.

그림은 이어지는 대화에 있어서 매우 좋은 기반이 된다. 이 단계에서 그림은(다른 색채의 색연필로) 보완되거나 추가적인 문장으로 보완될 수 있다. 그림은 진실한 문서이며 추후에 제3자에 의하여 평가될 수 있다. 또한 인지적인 지도의 산출도 가능하다. 보완 또는 그림에 유사하게 사전에 완성된 카드, 그림과 계획도면 등이 작업될 수 있다. 과제는 어떤 여건들이 이용되고, 선호되고 또는 우려되는지를 이 자료에 기입할 수 있게 한다.

- 목적
  - 인지적 지도/주관적 거리의 산출
  - 선호되는 그리고 우려지역 산출
  - 방향성
  - 지역 인지도
- 절차
  - 주변 환경이나 특별한 목적지의 그림
  - 주제 제시 또는 미제시 시
  - 지도 작성
  - 주어진 지도에 기입
  - 주제별로 주어진 영역에 대한 이어지는 표시
- 평가
  - 거리별 미터 단위 평가
  - 내용과 양식에 대한 설명
  - 그룹과 표준에 따른 종합분석

8.2.3.2 Brain storming

브레인 스토밍(Brain storming)은 주어진 주제에 대한 아이디어를 수집하는 기법이다. 일반적으로 모든 경우가 구두로 언급되고, 서류로 집성되고 통합적으로 체계화되어 토론되고 평가된다. 여기에는 관념적 지식, 이해관계, 문제 또는 요구가 반영되어 있다는 것을 가정한다. 토론 시 누락된 것과 연관성이 명확해진다. 구두로 설명되는 관념화는 추가적인 관념화를 촉발한다. 긍정적인 경우 다양한 의견이 개진되는 효과가 있으며, 부정적인 경우에는 주도적인 참여자가 수동적인 참여자의 의견을 압박하게 될 수도 있다. 서면(개별) 브레인 스토밍 시에는 다른 참여자에 의한 영향을 피할 수 있다. 개방된 기법은 주제 범위의 파악에 적절하다. 브레인 스토밍은 언어적으로, 필요할 경우 역시 문서로 그룹 내에서 의견을 표명할 수 있다는 능력과 유연성을 전제로 한다.

- 목적
  - 사전 예고 없는 주제범위 선정 : 내용, 문제, 희망사항
  - 영역 내 질서구조와 관계 도출
  - 해결 구상
- 절차
  - 목적의 주제화와 사전 제공 및 처리
  - 아이디어 생산과 수집, 칠판그림으로 양식화된 구두로써의 기여, 아이디어의 문서화된 수집과 이어지는 구두 발표
  - 기여, 칠판그림, Flip-Chart의 조직
- 평가
  - 결과 도출
  - 추가 단계의 계획
  - 문서, 질의카드, 기여, 결과와 내용 분석의 추후 평가
  - 과정분석

8.2.3.3 카드질의

카드질의는 Brain stroming의 문서화된 양식이다. 처리된 관념은 개별적으로 준비된 카드에 기입된다. 과제 설정에서 제시된 주제에 대한 희망, 우려 또는 As-Is, To-Be와 가능한 기여 등이 제시되고 이들의 기여 형태에 따라(예 : 희망/우려) 색채로 구분된 카드에 표기된다. 카드는 수집되고, 읽혀지며 상위목차에 따라 분류된다. 계속되는 발표와 토론에서 추가적인 구두로 표현되는 관념들이 수집되고 습득된 결과가 분석된다.

o 목적
  - 주제 제시와 함께 주제영역의 파악, 필요할 경우 평가와 함께, 예를 들어 긍정적 또는 부정적, As-Is 또는 To-Be에 따라
  - 내용의 상호보완적 조직
  - 추후 평가 가능한 내용의 습득
o 절차
  - 주제의 처리와 제시
  - 카드 입력, 기입 종류와 평가에 대한 사전 조율
  - 카드 입력
  - 필요할 경우 주제확장 또는 파트너와 그룹 작업에서의 본 회의 준비
  - 본 회의 결과 예상
  - 내용의 그룹핑, 본 회의 개략적 또는 그룹작업 내 구조적
o 평가
  - 처리된 주제 그룹, 내용, 결과의 예상
  - 결과의 도출
  - 해결방안을 위해 그룹작업으로 전환

8.2.3.4 그룹 작업

그룹 작업은 문제의 분석과 해결에 있어서 그룹이 참여한다는 장점이 있다(다양한 사람들이 참여하여 아이디어와 방안을 도출). 하나의 그룹에는 하나의 과제가 배정되며, 자유스럽게 또는 사회자가 참여하여 진행된다.

자유스러운 작업에 있어서 목적, 기법, 규정, 결과의 표현형태와 시간적 제약이 합의된다.

사회자가 참여하는 작업 시 사회자는 작업과정을 상대적으로 개방적이게 시작하고 지속적으로 통제한다.

그룹작업 내에서 다양한 작업형태가 가능하다(예 : 문제영역의 파악을 위한 카드질의 적용, 해결방안의 가시화를 위한 회화적 기법 또는 개념의 토론과 평가를 위한 표현 등). 중간 결과나 결과를 그룹에게 알려주는 것도 그룹작업의 항상 중요한 부분이다.

o 목적
  - 문제의 심화 분석

- 기준의 수집과 가중
- 요구에 정당한 해결방안 개발
- 개별 작업단계의 추후 평가 가능한 내용의 습득
o 절차
- 주제와 작업양식의 예상
- 대안 : 심화처리를 위한 주제 범위 개발과 주요 주제의 선정
- 그룹 형성 : 병렬 작업 또는 구분된 작업(대안적 측면)
- 발표와 토론
o 평가
- 공식적인 평가설문지 또는 자유스러운 양식의 결과 평가
- 적용, 적용에 따른 파급의 토론

8.2.3.5 "심각한 결과" 기법

"심각한 결과"는 특정 주제영역에서(예 : 어린이/청소년을 위한 특별히 위협이 되거나 또는 특별히 친화적인 주거지역 내 동일연령의 만남) 특별히 부정적이거나 긍정적인 결과이다. 기법은 이러한 결과들이 발생조건, 흐름과 파급효과를 잘 기억나게 하고, 대화를 위한 매개체 역할을 하며 자신의 태도나 행태에 대한 변화를 위한 시발점이 될 수 있다는 것을 가정한다. 보고되고 표준화되어 문서화된 고정적인 결과들은 발표되고 토론될 수 있다. 이를 통하여 추가적으로 정량적/정성적인 데이터들이 습득될 수 있다.

기법은 물리적과 사회적 환경의 수준에 대한 추정은 물론 긍정적 또는 부정적인 조건의 빈도와 지점화를 도출하는 것을 가능하게 한다. 제약으로서 이 기법은 단지 회고적으로 분석된다는 것이다.

o 목적
- 개인적 경험에 대한 명시된 이해로 주제 범위의 파악
- 그룹 내 개인적 경험의 이해
- 가능한 이론적 배경의 도출과 상상
- 파급영향 분석을 위한 기초자료 개발
o 절차
- 분석되는 주제영역의 개발과 상상

- 작업목적의 처리
- 다음과 같은 카테고리를 갖는 준비된 설문지에 대한 위기 결과의 긍정적과 부정적인 개인별 서술적 필기
  ‣ 이것이 발생하였다.
  ‣ 그래서 이렇게 되었다.
  ‣ 그래서 나는 이렇게 느꼈다.
  ‣ 그래서 이렇게 진행이 되었다.
  ‣ 내가 누구와 어떻게 이에 관하여 대화를 나누었다.
- 평가
  - 총회에서 선택된 결과의 소개
  - 파트너 작업 시 필기된 결과의 준비적인 토론
  - 총회 내 토론
  - 개인적인 또는 일반적인 파급의 도출
  - 모든 필기된 결과와 추가적인 표현의 추후 평가

8.2.3.6 미래공장

미래공장은 관심이 있거나 해당되는 사람들의 정성적인 참여로서 해결방안을 개발하기 위한 전략적인 기법이다. 이 기법은 다양한 단계를 포함하고 사회자나 사회를 보는 그룹에 의하여 준비되고, 동행되며 종료된다. 방법론적으로 이 기법은 3-단계모델에 기반한다.

- 비판 단계
- 아이디어와 판타지 단계
- 구체화 단계

설정된 과제는 대안별 해결에 대해 주어진 환경이나 희망하는 결과에 따라 알려진 사실에 대한 구체적인 변화에 집중하거나 또는 자유스러운 판타지를 가질 수 있도록 이상적으로 설정된다. 현실적인 해결방안으로 전이하기 위해 이상으로 시작될 수 있다.

작업과정 내에서 다양한 기법이 투입될 수 있다(예 : 시작을 위한 브레인 스토밍, 구체화를 위한 카드 질의, 해결방안 개발을 위한 그룹작업). 참여자의 동기는 작업을 시간적으로나 내용적으로 매우 일관성 있게 구성한다. 하나 이상으로 분산될 경우 참여자는 토론을 위한 자신들의 환경 내에서 그들의 동기, 인상 또는 해결방안을 설정하고 결과를 도출한다.

- 목적
  - 상세한 문제영역의 처리와 해결방안 개발
  - 참여자의 개인적인 참여의지
  - 적은 지령으로서의 처리
  - 추후 분석을 위한 자료의 수집
- 절차
  - 문제영역의 처리
  - 문제의 민감도(개인적, 사회적, 일반적)
  - 목적 설정
  - 병행 또는 작업 별 절차의 개발
  - 해결방안 개발
  - 중간 발표 및 필요할 경우 목적의 재정의
  - 해결방안 처리
  - 해결의 발표와 토론
- 분석
  - 선호되는 해결을 위한 대외적인 실현, 추후 확인, 발표를 위한 협의
  - 문서화된 절차와 협의된 해결방안의 분석

8.2.3.7 현장 파악

현장 파악에서는 문제되는 지역이 찾아지고 특정한 기준에 따라 설명되고 평가된다. 추가적으로 현장과 관련 있는 사람들이 관찰되고 설문되며, 필요할 경우 준비된 설문지를 활용한다.

배경은 어린이나 청소년들이(성인들도) 그들의 환경을 정확하게 인식하지 못하고 언어화할 수 없어 지금까지 설명된 기법 또는 교실 내 설문지의 질문 또는 지역 센터 내 그룹공간 내에서 신뢰성 있게 처리될 수가 없다. 따라서 분석 대상 "지역"에 가서 공동으로 대화를 통하여 확인하는 것이 추천된다.

파악을 위한 작업의 준비와 처리를 위하여 이미 설명된 기법들이 활용된다. 분석을 위하여 그룹작업이 필요하다.

○ 목적
　　　－관련되는 공공 공간과 대중교통 역사의 파악
　　　－구체적인 장소에서의 관점, 선호도, 문제, 희망사항 도출
　　○ 절차
　　　－파악을 위한 지역 선정
　　　－현장에서의 관측, 토론, 계획놀이
　　　－회화적, 사진 또는 필름을 통한 문서화
　　　－교실 내 발표와 토론
　　○ 분석
　　　－총회에서의 관측과 결과의 분석, 필요할 경우 작업그룹 내에서
　　　－수집된 자료의 2차적 평가

8.2.3.8 도심지역 순환(산책)

　도심지역 산책은(인터뷰 산책으로도 명칭) 구조화된 흐름을 갖는 해당되는 계획공간을 해당되는 사람들과 순환을 하며 현장에서 토론을 갖는 것이다. 도심순환은 다양한 그룹(예 : 어린이, 노령층과 특히 교통약자)을 포함하며 전문적인 지식을 갖는 사람들에 의해 조직된다.

　분석은 특정한 이용그룹 경로, 상충지역은 물론 요구, 희망과 제안에 대한 진술과 문제지향 현상파악 단계에서 매우 중요한 의미를 갖는다.

　이 기법은 공공 홍보와 병행한다. 이는 프로젝트 단계에서부터 더 넓은 대중들에게 의식을 형성하고 단체화하여 현장에서의 일상지식을 생성하게 한다.

　도심순환은 사진문서화, 전시 또는 특정 그룹의 시각으로부터 요구 카탈로그의 처리를 통하여 보완된다.

　　○ 목적
　　　－다양한 이용자 그룹의 일상지식의 파악
　　　－관련되는 계획지역의 평가
　　　－구체화된 지역의 문제, 희망 사항 도출
　　○ 절차
　　　－정지지점(문제지역)을 포함한 서류로 도심순환을 위한 지역 선정

- 도심순환을 위한 참여자 확보(최대 10인)
- 도심순환 시행(약 1.5시간)
- 지역의 정지지점 별 자료수집 설문지의 필기 등 문서화
o 분석
- 결과 분석
- 참여자의 참여 하에 결과 발표

교통조사 시 정보보호

Department of Civil Eng. Major: **Traffic Engineering**

정보보호는 연방헌법에 따라 기본권에 속한다. 이러한 정보적인 자기 결정권에 기반한 법을 통하여 모든 사람은 원칙적으로 누구에게 어떤 개인적인 정보를 제공할지를 결정하게 된다.

다음에 설명되는 사실과 지침들은 2010년의 법적 근거에 기반한다. 새로운 사실, 법적 변경 또는 연계된 판정 등은 당연히 조사의 정보보호법 검토 시 고려되어야 한다. 이는 매우 역동적인 영역으로써 연방 주정부의 현재의 법적 사항 들이 부분적으로 다양하게 규정되어 있다. 모든 조사 시 가능한 조기에 정보보호 개념이 고려되고 담당 정보보호기관과 협의되어야 한다.

연방 차원에서 연방정보보호법은 연방기관과 모든 기업체와 민간인들을 위한 민간영역을 위한 정보보호이다. 이외에 주정부의 주정부보호법과 주와 지자체의 정보보호를 규정한다. 일반적인 정보보호법 이외에 분야별로 다양한 정보보호 규정이 있다.

정보보호법의 규정은 개인 기반 데이터의 수집, 처리와 이용 시 적용된다. 개인 기반 데이터로 BDSG에 따라 특정한 또는 특정 지어질 수 있는 자연인은 물론 개인 또는 법인으로부터 얻어지는 개별 정보가 해당된다.

개인에게 직접적으로 해당이 될 경우 개인정보로 일컬어진다. 교통조사를 위하여 관계가 있는 개인별 정보에는 예를 들어 다음과 같다.

- 연령
- 성별
- 거주지
- 승용차 보유
- 차량번호
- (이동 –)통신번호
- 얼굴
- 소속회사

교통기술적인 조사, 계측과 측정 시 자동 차량번호 인식과 개인정보가 수집되고 처리되지 않는 비디오 촬영 등은 정보보호 준수를 위한 대책들이(대부분) 필요하지 않다.

비디오 관측 시, 예를 들어 자동차 번호판과 부분적인 운전자와 동승자를 인식할 경우 개인정보가 수집되기 때문에 정보보호법적 기준을 유의하고 해당되는 정보보호기관과 접촉하여야 한다.

이는 일반적으로 비디오 기법에는 해당되지 않는다. 개인이나 차량 – 번호판이 인식되지 않아(예 : 조감 측면에서의 촬영 또는 차량 – 번호판의 암호화(그림 4.1 비교), 조사는 정보보호법적으로 문제가 되지 않으며 추가적인 대책들이 필요 없다.

수동 번호판 수집 시 번호판 일부 만이 수집되어(예 : 문자 또는 번호, 지역명칭이 없는) 개별 차량 주인에 대한 판명이 어려울 경우에도 정보보호가 준수된 것으로 한다.

관측과 설문 시 개인정보가 수집되고 처리되어 정보보호 규정이 고려되어야 한다. 개인정보의 수집, 처리와 이용은 만일 법 또는 다른 법 규정이 이를 허용하거나 해당인이 동의할 경우 BDSG에 따라 허용된다.

시장과 여론조사에 반하여 학문적 목적을 위한 설문 시 일반적으로 해당인의 허가가 필요하지는 않는다. 따라서 조사 이전에 담당 정보기관과 함께 허용 여부를 확인하여야 한다. 서면설문 시 여건에 따라 만일 설문지가 기입되어 반송될 경우 설문자의 허용을 전제로 하는 수가 있으며, 이는 다시 담당 정보보호기관과 조율을 하여야 한다. 조사, 처리 또는 이용을 위한 기초로써 허가가 필요할 경우 BDSG의 전제를 유의하여야 한다.

이러한 가정은 많은 교통조사(예 : 가구와 회사설문, 자동번호판인식, 비디오 촬영) 수행을 위하여 필요한 정보보호적으로 필요한 법적 기초가 된다.

개인정보의 수집, 처리와 이용 시 정보는 다음과 같은 원칙을 준수한다.

- 정보절약 : 조사지표 선택 시 가능한 한 적은 개인정보를 수집, 처리, 이용하도록 한다 (BDSG).
- 익명화와 거짓화 : 가능하고 목적하는 보호목적에 대하여 적절한 수준으로 대책 수립에 필요한 비용이 감당할 수준인 경우 정보들은 익명화되고 거짓화된다(BDSG). 교통조사 시 개인적 또는 개인기반 한 정보는 적정한 수준에서 제거되도록 한다. 개인정보는 정보보호 전문가들 대부분의 견해에 따르면 가능한 암호해독을 위한 비용이 암호해독을 통하여 얻는 가치 보다 높을 경우 효과적으로 익명화된다. 익명화된 정보는 정보보호법의 규정에 해당되지 않는다.
- 목적연계 : 개인정보의 처리와 이용은 해당인이 허용한 상태에서만 목적을 위하여 이용된다. 정보가 본래 목적 이외에 활용될 경우 새로운 허가과정이 필요하다.
- 정보전달 : 개인정보는 해당인의 동의 없이 제3자에게 전달될 수 없다. 반면에 익명화된 정보의 전달은 가능하다.
- 정보비밀 : 개인정보와 관련된 모든 개인은 ₹ 5 BDSG에 의해 정보비밀의 의무를 갖는다.
- 기술적, 조직적 대책 : 교통조사에 책임 있는 기관에게는 기술적 조직적인 대책들을 마련하여 정보보호법의 규정을 준수할 수 있도록 한다(₹ 9 BDSG). 정보관리 계약 이전에 조기에 누가 담당인지를 결정하도록 한다.

이러한 대책에는 다음과 같은 것들이 있다.

- 진입통제
- 접근통제
- 이용통제
- 전달통제
- 입력통제
- 계약통제
- 확보통제
- 다른 업무영역과의 공간적 조직적 분리
- 정보분리

이동통신 기반 설문 또는 관측 기법 시 개인정보 차원을 넘어서 해당인의 위치가 텔레커뮤니케이션 시스템에 의하여 수집되고 처리되어 추가적인 통신법 규정을 준수하여야 한다. 위치는 텔레커뮤니케이션 서비스의 계약 처리에 필요하며 이는 전화연결에 필수적이다. 목적별로만 활용되어야 하며 이후 통신사로부터 바로 삭제되어야 한다. 예외로 해당자가 교통조사를 위하여 자신의 위치정보를 허용하고 저장하는 것을 허용할 경우이다. 텔레커뮤니케이션법에 따라 이동통신 기반 조사 시 이용자의 위치는 해당인이 이를 명확히 동의한 이후에 이루어져야 한다.

이때 어떻게 동의가 이루어져야 하는지에 대해서는 상세하게 정리되어 있지 않다. 예를 들어 전자적인 동의가 허용된다(인터넷 또는 이동전화를 통하여). 이러한 정보적인 자기주장권이 보호되면 해당인은 언제든지 조사 시 위치정보의 이용동의를 철회할 수 있다.

위치정보의 전달 역시 소기의 이용목적을 벗어날 경우 정보저장과 같이 금지된다. 개인정보와 유사하게 익명화된 위치정보는 전달 될 수 있다(예 : 통행목적별 교통량).

간략하게 종합하면

- 조사시점에 적용되는 법적 요소에 대한 정보를 조기에 제공한다.
- 정보보호 개념을 처리한다.
- 조기에 정보보호 담당기관과 조율토록 한다.
- 발주처로서 주제를 감독권으로 간주한다.
- 수집 정보의 전달 시 적용되는 규정을 준수한다.

부 록

Department of Civil Eng. Major: **Traffic Engineering**

A 조사의 통계적 기초

필요한 표본수의 산출은 조사계획의 일부이다. 통행행태를 위한 가구 설문 조사 시 중요한 교통지표를 위한 정확도를 선정하고 이에 필요한 표본 수를 산출하도록 한다. 다음에는 선택된 가구의 개인이 표본일에 자신의 통행행태를 진술하는 설문을 예로 하여 절차를 제시하였다. 최소 표본 규모 산출을 위하여 비교할 만한 사전 조사로부터 교통지표를 임시적인 추정에 활용하도록 한다.

A.1 비율값의 추정

교통참여 비율의 추정 시("교통인구"의 평균 비율은 분석지역과 분석시간 대 모든 인구에 대한 평균) 95% 신뢰도로 $e = 0{,}01$(1%)의 절대 오차를 초과하여서는 안 된다. 표본규모는 이에 따라 실질적인 교통참여 비율의 추정치가 1%를 벗어나지 않도록 거의(95%) 안전한 크기여야 한다. 표본 일에 교통참여가(Yes/No) 개인의 하나의 특성이기 때문에 표본 내 요구되는 설문자 수가 결정되어야 한다.

모든 사람의 모집단으로부터 제한되지 않고 우연적으로 설문자를 선택할 수 있다면, 예를 들어 미지의 교통참여 비율에 대하여 일시적인 추정치를 $P = 0{,}84$를 이용한다면 다음과 같은 최소표본 규모가 산출될 수 있다.

$$(1{,}96/0{,}01)^2 \cdot 0{,}84 \cdot (1 - 0{,}84) = 5.163명$$

가구 설문 시 개인들은 단순한 우연 표본이 아니라, 덩어리 표본으로 추출되기 때문에, 유사하게나마 이른 바 "덩어리 효과"를 고려할 수 있는 "디자인 효과"(어떤 요인으로써 단순한 우연수 추출 시 추정치의 분산값을 곱하여야 하는지)를 고려하여야 한다. 다양한 방법 연구로부터 교통참여 비율 추정 시 1.5와 3.5 사이의 디자인 효과가 있는 것으로 알려졌다.

디자인 효과가 2.0일 경우 최소한

$$2.0 \times 5.163 = 10.326명$$

이 필요하다. 평균적인 가구 규모에서 가구당 가구원 수가 2.1명일 경우, 순수표본은

$$10.326 / 2.1 = 4.917 \text{ 가구}$$

가 필요하다.

정확도는 낮추거나 예를 들어 2,5%의 절대 오차율($e = 0,025$)을 수용할 수 있다면, 최소 표본 규모는 1.653명이 충분하다고 볼 수 있다(787 가구).

A.2 평균값의 추정

일 평균통행거리의 추정 시(km/인·일) 최대 절대오차를 예를 들어 인·일당 $e = 2,0$ km, 신뢰도 95%를 초과하지 않게 하려면, 필요한 표본 규모는 일 평균통행거리의 분산을 위하여 근접치가 있어야만 산출될 수 있다. 경험적인 통행연구로부터 "km 단위의 일 통행거리" 개인 지표 시 표준편차 s는 거의 평균값과 유사하다. 예를 들어 인·일당 평균 36 km일 경우 현재의 추정치는 $s = 36$ km이다. 디자인효과 2.5를 고려하면 신뢰도 95%에서 필요한 표본규모는

$$(1.96/2.0)2 \cdot 362 \cdot 2.5 = 3.112 \text{명}$$

으로 1.482 가구의 순수 표본수에 해당한다. 복잡한 우연수 산출 기법 시 디자인효과는 앞에서의 사례보다 더욱 크다.

B 계측

전수화 방법은 적용범위가 지방부 또는 도시부인지에 따라 구분된다. 기법의 추가적인 구분 기준은 전수화 요소의 산출에 있다(고정계측기, 분포도 기준, 요인기준).

B.1 고정계측 기준 기법

고정 계측 기법은 해당 계측연도의 분포도 배정에 기반한다(표준화와 정형화 되지 않은

분포도). 이 기법을 활용한 전수화는 해당 연도에 대하여 자동 고정 계측기의 데이터가 완벽하게 확보되어 직접적으로 계측할 필요가 없게 된다.

유사한 교통특성을 갖는 자동 고정계측기에 대한 모든 계측지점이 배정된다. 비교할 만한 특성을 갖는 도로구간이나 공간 내 배정을 통하여 모든 계측지점은 하나 또는 다수의 소속되는 자동 고정계측지점에 배정된다.

전수화는 고정계측기로부터 계측장소 – 와 차종분류 평가에 기반한 측정된 시간/일 – 보정계수와 일/연 보정계수로 2단계로 이루어진다. 전수화를 위한 기초자료는 표 B.1에 제시된 측정시간에 따라 수행되는 수동 계측이다.

첫 번째 단계는 시간/요일 보정계수로서 측정치 들이 각각의 측정일 Z의 일 교통량 Q_z가 전수화된다. 첫 번째 전수화 결과로서 모든 계측지점에 대해 7개 차종에 대한 8개의 일 교통량을 얻게 된다.

두 번째 단계는 일 교통량이 이른 바 일/연 보정계수("cv – 계수") 모든 운행목적 그룹 $V(ADT_{w5}, ADT_u, ADT_s)$에 대해 일 평균 교통량으로 환산된다. 이 ADT_v값으로 부터 연방 주별로 다양한 통행목적 그룹별(n_v)다양한 날자 수로 목적 값 ADT(1년 모든 일의 평균 일 교통량)가 산출된다. 이렇게 산출된 ADT 값으로부터 MSV(설계시간 교통량)은 물론 소음 산출을 위하여 일, 저녁과 야간 교통량이 산출된다.

이러한 전수화 기법을 위하여 전수화 계수 도출을 위한 해당되는 계측연도의 고정 계측기의 완벽한 결과가 필요하기 때문에, 계측이 수행되고 난 1년이 경과한 이후에 전수화가 이루어진다.

이에 반하여 다음에 설명되는 표본계측의 전수화를 위한 기법은 조사와 직접적으로 연계된다.

표 B.1 SVZ에 따른 측정시간

Zst-그룹 A (일평균교통량 〉 7,000대/24시간)	Zst-그룹 B (일평균교통량 〈 7,000대/24시간)
2 주중(화, 수, 목) 각각 7~9시와 15~18시＝5시간 2 금요일 각각 15~18시＝3시간 2 휴일(화, 수) 각각 15~18시＝3시간 2 일요일 각각 16~19시＝3시간	2 주중(화, 수, 목) 각각 7~9시와 15~18시＝5시간 2 휴일(화, 수) 각각 15~18시＝3시간 2 일요일 각각 16~19시＝3시간
8 계측일＝28 계측시간	6 계측일＝18 계측시간

B.2 분포도 기반 전수화 기법

정형화된 분포도로 작업되는 전수화 기법은 현장의 자동 고정계측기에 기반하는 것이 아니라(예를 들어 Schmidt와 Thomas에 따른 도시부 단기계측 또는 SW HRDTV)), 연도별로 특별한 특이점을 찾기 위해 이들의 데이터가 부분적으로 확정되는 이전 연도의 정형화된 연-과 일 분포도에 기반한다. 1년간의 교통상황 변화를 고려하기 위해 전수화 계수 도출 기반이 되는 분포형태는 정기적으로 현행화되고 보정된다.

그림 B.1에서 볼 수 있는 바와 같이 이 모델은 2단계 내 계측치의 전수화에 기반한다. 계측치는 먼저 일 교통량에 대하여 전수화된다. 2단계에서는 일 교통량이 주 평균값과 연 평균값(AADT)은 물론 $DTV_{w,u,s}$ 값으로 전수화된다. 모든 다른 값들도 이로부터 도출된다.

PC-프로그램은 주말 또는 휴일에 따른 영향을 적절한 계수($b_일$, $b_금$, $b_휴일$)로 수정할 수 있기 때문에 특정한 계측주기(1시간 단위로만) 나 계측시간에 대한 전수화가 가능하다. 따라서 DTV, $DTV_{w,u,s}$ 이외에 설계교통량(DHV)은 물론 평균 시간 일과 야간 교통량이 산출될 수 있다. 적절한 SW들이 지방부 계측지점의 전수화도 가능하게 한다.

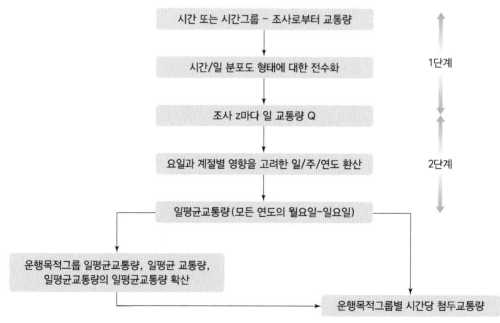

그림 B.1 Schmidt와 Thomas에 의한 전수화 기법, 1995

B.3 계수화된 전수화 기법(도심부)

계수화된 기법에서(예 : Arnold 2007) 다양한 조건과 관련된 계수들을 표로부터 활용할 수 있다. 이렇게 제시된 계수들은 일반적으로 특정한 계측주기에만 적용되며 임의의 계측시간에는 활용할 수 없다. 전수화 기법은 역시 2단계 기법에 기반하여 먼저 일 교통량이 다음은 ADT_{w5}(평균 주중 교통량 월~금)은 물론 ADT를 산출한다. 이에 속한 절차의 흐름도가 그림 B.2에 제시되었다.

일 교통량에 대한 전수화 기법은 표 상의 선택된 계측시간은 물론 차량과 중차량에 따라 구분되어 제시되었다. 나아가 전수화 계수는 교통량별로 구분된다(대/시의 첨두교통량). 일 값은 계측시간에 대하여 측정된 차량의 합을 계수의 곱셈으로 하여 산출한다. ADT값의 산출을 위하여 앞 1절에서 도출된 일 값은 물론 주와 계절별 계수로 곱하여 진다. 이 계수들은 계측시간, 차량분류(차량, 중차량)과 교통량에 따라 제시되었다.

이러한 전수화 기법의 정확도에 기반하여 전수화 계수 표 내에는 추가적으로 변동계수들도 제시되었다. 이로써 모든 전수화에 대하여 가능한 오류에 대한 개략적인 추정이 가능하다.

기법 설명에서 볼 수 있듯이 계측값과 교통량 이외에 추가적인 입력자료는 필요하지 않다. 이는 상대적으로 단순한 실질적인 이용기법이다.

이 기법을 위한 계측시간의 추천은 표 B.2에 제시되었다.

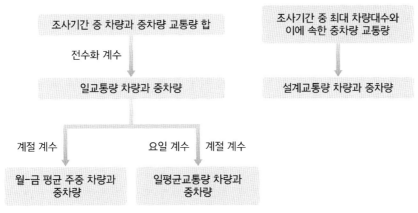

그림 B.2 Arnold, Woeppel과 Dahme의 전수화 기법

B.4 | 계수화된 전수화 기법(지방부)

지방부도로교통 계측을 위한 단순화된 전수화 기법은(Lensing, Mavridis와 Täubner, 2001) 표본계측의 전수화를 위한 추가적인 가능성을 제시한다. 3단계로서 개별 시간의 계측값이 일 값, 다음은 주/월값과 계속하여 ADT-값으로 전수화된다(그림 B.3 참고).

전수화 계수 도출을 위한 경험적인 기초자료로 1993년부터 1996년 간의 자동화된 고정계측지점의 타당성이 검증된 데이터들을 활용할 수 있다.

적절한 계수(a, w, j)는 요일에 따른 차종과 차종그룹에 따른 표로 구분되어 제시되었다.

표 B.2 Arnold, Hedeler, Woeppel과 Dahme

	추 천	설 명
계측일	하기 시(3월 말에서 10월 말까지) 화, 수 또는 목요일	제외 • 휴가 주 • 휴일 또는 휴가 전일 • 징검다리 일(휴일과 주말)
계측시간	7 : 00~11 : 00시와 15 : 00~19 : 00시 또는 7 : 00~10 : 00, 12 : 00~14 : 00과 15 : 00~18 : 00시(8시간 계측)	주중 평균 교통량과 설계 교통량 산출을 위한 모든 도로종류에 적합
	6 : 00~10 : 00시와 15 : 00~19 : 00시 또는 6 : 00~9 : 00, 12 : 00~14 : 00과 15 : 00~18 : 00시(8시간 계측)	주중 평균 교통량과 설계 교통량 산출을 위한 모든 도로종류에 적합, 만일 첨두시간대가 6 : 00와 9 : 00에 있을 경우
	15 : 00~19 : 00시(4시간 계측)	평균 주중 교통량(월~금) 산출을 위한 주도로 첨두교통량에 적합

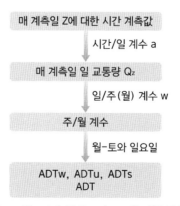

그림 B.3 Lensing, Mavridis와 Taeubner에 따른 전수화 기법, 2001

이후에 다양한 차종과 요일에 대한 구분된 고려가 가능하다. 추가적으로 전수화 계수의 다양한 선택을 표로부터 산출하기 위하여 일요일 계수 b일에 대한 이해가 필요하다.

이는 이 모델의 적용을 위하여 적절한 전수화 계수를 산출할 수 있도록 계측지점의 분포도에 대한 상세한 내용 파악이 필요하다. 상세한 정보 누락 시 도로등급, 도로종류와 계측지점의 배정을 통한 단순화도 가능하다.

이 기법의 정확도와 단순화 적용 시 차이점에 대한 예측은 수행된 분석에 해당되지 않는다. 따라서 이 기법의 수준 추정은 별도로 수행되는 사례 계산을 통하여만 가능하다.

기초 데이터 산출을 위하여 "평상 주" 기간의 다음과 같은 계측시간이 추천된다(휴가, 휴일과 유사한 등을 통한 영향이 없음).

- 3-시간 계측 : 14~17시
- 4-시간 계측 : 10~14시 또는 14~18시

자동 계측기가 있을 경우 완전한 한 주의 일 교통량(00~24)에 대한 수집이 가능하다. 다양한 기법의 특성에 대한 개요는 표 B.3에 제시되었다.

표 B.3 차량계측을 위한 다양한 전수화 계수의 특성

기법	계측장소 위치		계측시간, 계측기간		HR 시점	
	도심	외곽	정확히 정의[1]	유연[2]	즉시	연말
Arnold	×		×		×	
HBS 2001	×		×		×	
HRADT-Win	×	×		×	×	
Lensing		×	×		×	
SVZ		×		×		×

1) 표에 제시된 전수화 계수는 정의된 시간대에만 적용됨
2) 분포도의 배정을 통한 계측기간의 유연한 선택

표 B.4 진입로 계측 서식

연번	도로		교통방향	
Km	위치			

교통방향
측면 자전거 도로 　　　　있음　　　없음
이 방향 차로수 :
이 중에 해당하는 것(체크)
우측차로　　　　　　3. 추월차로
1. 추월차로　　　　4. 추월차로
2. 추월차로　　　자전거도로/자전거차로

특이사항과 일기상황

일자	자전거	이륜차	승용차					
조사기간								
시작	1	2	3		4	5	6	7

교통조사 _____ 조사장소 _____ 조사지 번호 _____

일시 _____ 조사자 _____

표 B.5 진입로 계측 서식

	진입																
	좌측에서					직진에서					우측에서				
시간	1	2+3	4	5	6	1	2+3	4	5	6	1	2+3	4	5	6
	자전거	오토바이 + 승용차	화물차 <3,5톤	화물차 >3,5톤	버스	자전거	오토바이 + 승용차	화물차 <3,5톤	화물차 >3,5톤	버스	자전거	오토바이 + 승용차	화물차 <3,5톤	화물차 >3,5톤	버스

	진출																
	좌측으로					직진으로					우측으로				
시간	1	2+3	4	5	6	1	2+3	4	5	6	1	2+3	4	5	6
	자전거	오토바이 + 승용차	화물차 <3,5톤	화물차 >3,5톤	버스	자전거	오토바이 + 승용차	화물차 <3,5톤	화물차 >3,5톤	버스	자전거	오토바이 + 승용차	화물차 <3,5톤	화물차 >3,5톤	버스

교통조사 _____ 조사장소 _____ 조사지 번호 _____

일시 _____ 조사자 _____

표 B.6 방향별 계측 서식

시간	좌측						직진						우측					
	1	2+3	4	5	6		1	2+3	4	5	6		1	2+3	4	5	6	
	자전거	오토바이 + 승용차	화물차 <3,5 톤	화물차 >3,5 톤	버스		자전거	오토바이 + 승용차	화물차 <3,5 톤	화물차 >3,5 톤	버스		자전거	오토바이 + 승용차	화물차 <3,5 톤	화물차 >3,5 톤	버스	

교통조사 _____ 조사장소 _____ 조사지 번호 _____
일시 _____ 진행방향 _____
우측차로로부터 차로수

표 B.7

시간		승용차 점유				
		1명	2명	3명	4명	4명 이상

C   측정

표 C.1 다양한 상충지표 개요

1. 초기상황

$PET_0 =$ 미 정의

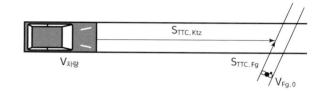

2. 방향과 속도 변경 없음

$PET_1 =$ 미 정의

TTC   원리

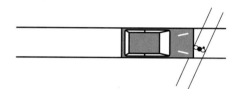

TTC-원리

3. 충돌회피를 위한 $a_{필요}$ 로 제동

$TTC_1 = 0$

$PET_1 = 0$

DST - 원리

(안전 - 시간간격 = 0)

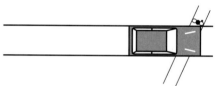

DST-Ansatz
(안전-차두간격=0)

4. 안전-시간간격 확보를 위한

감속 a의 제동

$TTC_1 = \bowtie$(미 정의)

$PET_1 = t_{안전}$

DST - 원리

(안전 - 시간간격 = $t_{안전}$)

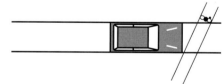

DST-Ansatz
(안전-차두간격=t_{safety})

$TTC_2 = \bowtie$(미 정의)

$PET_2 = t_{안전}$

DST - 원리

(안전 - 시간간격 = $t_{안전}$)

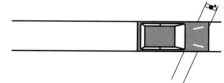

DST-Ansatz
(안전-차두간격=t_{safety})

D 설문조사

표 D.1 가구설문조사(출처: 도시 내 교통 – SrV)

• 가구설문조사 : 가구에는 동거하고 있는 모든 사람이 포함된다(여기에는 예를 들어 주중에 교육을 위하여 다른 도시에 거주하나, 집에 주소등록이 되어 있는 이들도 포함된다).

가구 수	총 인원수	
당신을 포함하여 얼마나 많은 사람들이 거주하고 있습니까?		
차량 수		
가구에 다음과 같은 종류의 차량 들이 있습니까? 해당되는 칸에 "0"을 기입하시오!	승용차 ☐☐ 오토바이 > 125 ccm ☐☐ 업무용차 ☐☐ 모토페드 < 125 ccm ☐☐ 활용 가능한 자전거 ☐☐ 기타 차량, ☐☐ 무엇인지 : ☐	
차량 특성(주로 활용되는 차량에 대하여)	**승용차 1**	**승용차 2**
2007년에 당신 승용차의 추정되는 총 운행거리는 얼마인가?	☐☐☐☐☐☐ km	☐☐☐☐☐☐ km
어느 지역에 당신의 승용차가 등록되었습니까? (언급만 할 것) 통상 집 주변 어디에 주차를 하나요?	거주지 ☐ 다른 장소 ☐ 현재 등록지 ☐ 주차장/car pot/사설주차장 ☐ 공공 도로공간 ☐ 다양함 ☐	거주지 ☐ 다른 장소 ☐ 현재 등록지 ☐ 주차장/car pot/사설주차장 ☐ 공공 도로공간 ☐ 다양함 ☐
다음에 위치한 정류장		
어느 시간대에 당신의 주거지로부터 가장 가까운 대중교통 정류장까지 도보로 도착할 수 있는지? 정류장에 접근하지 못하거나 알 수가 없거나 거주하는 도시에 교통수단이 없을 경우 "○"을 기입하시오!	버스까지 도보시간 ☐☐분 노면전차까지 도보시간 ☐☐분 도시철도까지 도보시간 ☐☐분 지하철까지 도보시간 ☐☐분 통근선박까지 도보시간 ☐☐분 철도까지 도보시간 ☐☐분	
위임가능한 승차권		
당신의 가구에 버스나 철도를 위한 타인에게 위임 가능한 승차권이 있는지요? (예 : 위임 가능한 월 승차권) 해당되는 것에 숫자를 기입하시오!	네 ☐ 아니오 ☐ 위임 가능한 승차권 수 ☐☐	
가구소득		
월 순수입이 얼마인지요? (세금과 4대 보험을 제외하고 보육보조비/주택보조비/실업수당 등과 기타 임대료 등을 포함한)	500 유로 미만 ☐☐ 500~900 유로 ☐☐ 900~1,500 유로 ☐☐ 1,500~2,000 유로 ☐☐	2,000~2,600 유로 ☐☐ 2,600~3,600 유로 ☐☐ 3,600 유로 이상 ☐☐ 미 기재 ☐☐

표 D.2 가구원 설문지 – 1쪽(출처: 도시내 통행 – SrV)

• 개인설문지(1쪽) : 모든 가구원들에게 다음의 설문에 직접 응답하시기를 부탁드립니다!

가구원 번호:	최연장자 1	두 번째 연장자 2	세 번째 연장자 3	네 번째 연장자 4	다섯 번째 연장자 5
연령 성별	□□ 남□ 여□	□□ 남□ 여□	□□ 남□ 여□	□□ 남□ 여□	□□ 남□ 여□
설문 당일이 평소와 유사한지, 　설문 당일 당신의 일상생활이 동일한 　요일의 다른 날의 흐름에 해당하는지?	예　□ 아니오　□	예　□ 아니오　□	예　□ 아니오　□	예　□ 아니오　□	예　□ 아니오　□
통행 제한, 건강 상 이유로 당신의 통행 이 제한되었는지? (다수 표기 가능) 　예, 도보 장애로 　예, 시각 장애로 　예, 다른 원인으로 　아니오 　장애인 증명서를 소지하고 있는지요?	 □ □ □ □ 예　□ 아니오　□	 □ □ □ □ 예　□ 아니오　□	 □ □ □ □ 예　□ 아니오　□	 □ □ □ □ 예　□ 아니오　□	 □ □ □ □ 예　□ 아니오　□
직업(하나만 기입하시오) 직업 없음 어린이(미 취학) 　　전업주부/- 남편 　　퇴직자, 은퇴자 　　군- /공익 복무중 　　일시적 실업자, 0-단기아르바이트	 □ □ □ □ □	 □ □ □ □ □	 □ □ □ □ □	 □ □ □ □ □	 □ □ □ □ □
교육 중 　학생 　대학생 　직업교육, 학원, 이직교육	 □ □ □	 □ □ □	 □ □ □	 □ □ □	 □ □ □
직업 　전일근무(주당 35시간 이상) 　주당 18~34시간 　주당 18시간 미만 　일시적 휴직/휴가 중(예 : 출산휴가-/ 　육아휴가 또는 기타 휴가)	 □ □ □ □	 □ □ □ □	 □ □ □ □	 □ □ □ □	 □ □ □ □
교육 수준(하나만 기입) 　고등학교 졸업, POS 8 class 　직업학교 졸업, POS 10. class 　일반 또는 전문대학 졸업 　없음	 □ □ □ □	 □ □ □ □	 □ □ □ □	 □ □ □ □	 □ □ □ □
직업교육 수준(하나만 기입하시오) 　교직, 직업전문학교, 상업학교 　마이스터/기술인학교, 전문학교, 직업/ 　전문아카데미 　대학 또는 전문학교 　없음	 □ □ □ □	 □ □ □ □	 □ □ □ □	 □ □ □ □	 □ □ □ □

이 설문지 뒷면에 대한 설문도 해 주시기 바랍니다.

표 D.3 가구원 설문조사−2쪽(출처: 도시 내 교통−SrV)

• 개인설문지(2쪽) : 모든 가구원들에게 다음의 설문에 직접 응답하시기를 부탁드립니다!

가구원 번호:	최연장자 1	두 번째 연장자 2	세 번째 연장자 3	네 번째 연장자 4	다섯 번째 연장자 5
면허증 보유					
제시된 차종에 대하여 현재 유효한 면허증을 보유?					
승용차(Class B 또는 3)	예 ☐ 아니오 ☐	예 ☐ 아니오 ☐	예 ☐ 아니오 ☐	예 ☐ 아니오 ☐	예 ☐ 아니오 ☐
오토바이(Class 1/1a 또는 A)	예 ☐ 아니오 ☐	예 ☐ 아니오 ☐	예 ☐ 아니오 ☐	예 ☐ 아니오 ☐	예 ☐ 아니오 ☐
모페드/모토롤러(Class 4, 1b 또는 M, 41)	예 ☐ 아니오 ☐	예 ☐ 아니오 ☐	예 ☐ 아니오 ☐	예 ☐ 아니오 ☐	예 ☐ 아니오 ☐
차량보유					
표본일에 가구에서 차량을 확보하고 (운전자 또는 동승자로) 있는지?					
예, 무제한 활용가능	☐	☐	☐	☐	☐
예, 약속에 따라	☐	☐	☐	☐	☐
아니오, 차량 활용 불가능	☐	☐	☐	☐	☐
교통정보					
어떤 매체를 교통정보를 수집하는데 활용하는지? (다수 표기 가능)	예, 아니오				
네비게이션시스템	☐	☐	☐	☐	☐
인터넷	☐	☐	☐	☐	☐
전화	☐	☐	☐	☐	☐
라디오	☐	☐	☐	☐	☐
인쇄매체(예 : 지도, 운행시간표, 도로지도)	☐	☐	☐	☐	☐
매체 이용안함	☐	☐	☐	☐	☐
대중교통 이용					
지난 12개월 동안 대중교통을 이용하였는지? 만일 "아니오"로 답하였으면, 바로 통행설문지로 가면 됨	예 ☐ 아니오 ☐	예 ☐ 아니오 ☐	예 ☐ 아니오 ☐	예 ☐ 아니오 ☐	예 ☐ 아니오 ☐

(계속)

D. 설문조사　　225

가구원 번호:	최연장자 1	두 번째 연장자 2	세 번째 연장자 3	네 번째 연장자 4	다섯 번째 연장자 5
승차권 종류					
대중교통을 이용하였다면, 어떤 승차권을 주로 이용하는지요? 전자승차권을 이용할 경우, 해당되는 범주에 체크하시기 바랍니다.					
단일권	☐	☐	☐	☐	☐
일일권	☐	☐	☐	☐	☐
다수승차권	☐	☐	☐	☐	☐
주중승차권	☐	☐	☐	☐	☐
월 승차권	☐	☐	☐	☐	☐
연 승차권	☐	☐	☐	☐	☐
직장 승차권, 학기 승차권, 등	☐	☐	☐	☐	☐
기타 승차권,	☐	☐	☐	☐	☐
어떤 종류 :	☐	☐	☐	☐	☐
무기명 승차권					
가구에 버스 또는 철도를 위한 무기명 승차권이 있을 경우(예 : 무기명 월 승차권): 얼마나 자주 활용하는지?					
아니오, 내가 무기명 승차권 소유자이기 때문에	☐	☐	☐	☐	☐
매일 또는 거의 매일	☐	☐	☐	☐	☐
주 3~4일	☐	☐	☐	☐	☐
주 1~2일	☐	☐	☐	☐	☐
월 1~3일	☐	☐	☐	☐	☐
거의 안 씀	☐	☐	☐	☐	☐
아니오	☐	☐	☐	☐	☐
주로 이용하는 정류장					
어느 시간대에 주로 이용하는 대중교통 정류장에 집으로부터 도보로 도착하는지? 정류장이 도보로 접근이 어렵거나, 잘 모르거나, 거주하는 도시에 대중교통 수단이 없을 경우 "O"을 기입하시오.					
버스로 도보시간	☐☐ 분	☐☐ 분	☐☐ 분	☐☐ 분	☐☐ 분
트램으로 도보시간	☐☐ 분	☐☐ 분	☐☐ 분	☐☐ 분	☐☐ 분
지하철로 도보시간	☐☐ 분	☐☐ 분	☐☐ 분	☐☐ 분	☐☐ 분
도시철도로 도보시간	☐☐ 분	☐☐ 분	☐☐ 분	☐☐ 분	☐☐ 분
페리로 도보시간	☐☐ 분	☐☐ 분	☐☐ 분	☐☐ 분	☐☐ 분
근거리교통 또는 장거리철도로 도보시간	☐☐ 분	☐☐ 분	☐☐ 분	☐☐ 분	☐☐ 분

모든 가구원들에게 개인별 설문지를 본인이 직접 기입하기를 부탁드립니다.

표 D.4 통행설문지 – 1쪽(출처: 도시 내 교통 – SrV) [2쪽: 통행 4에서 8까지 1 – 3과 같이]

다음 질문에 답하시고, 왼쪽부터 시작하세요!

---

1. 가구원번호 ☐

기입표본일요일

[ ]

2. 표본일 기상상황

☐ ☐
☐ ☐

3. 표본일에 거주도시나 지역에 있었는지?
예 ☐ 아니오 ☐

4. 표본일에 외출을 하였는지?
예 ☐ 아니오 ☐
"아니오"일 경우 원인을 기입하시오.

[ ]

힌트 :
3과 4번 질문 하나 또는 두개 모두 "아니오"이면 통행설문지를 더 이상 기입하지 않아도 됩니다.

5. 첫번째 통행의 시작점은 어디인지요?
내 집? ☐
다른 장소 ☐

도로, 집주소

[ ][ ][ ][ ][ ]

우편번호

지역
출발지가 당신의 집이 아니라면 다음의 장소 중 어디가 가장 유사한지요?
직장 ☐
다른 업무장소/경로 ☐
보육원/유치원 ☐
초등학교 ☐
학교(직업학교와 대학교) ☐
다른 교육기관 ☐
생필품 구매 ☐
기타구매 ☐
공공시설 ☐
(예 : 관청, 의원, 우체국, 은행)
문화시설/극장/연극 ☐
식당/술집 ☐
사적방문(다른집 방문) ☐
휴양/야외운동 ☐
(산책/반려견 산책)
운동시설(일반적인) ☐
대규모 행사 ☐
(콘서트, 운동경기)
다른 여가활동 ☐
기타 ☐

[가운데 안내 열]

누구와 동행을 하셨나요?

어떤 교통수단을 이 통행을 위해 이용하셨나요?
(모든 활용한 교통수단을 기입하세요)
만일 승용차가 자가 운전하였을 경우 추가적으로 당신을 제외하고 몇 명이 이 승용차에 동승하였나요?

어떤 교통수단이 가장 많이 활용되었나요?
(교통수단 번호를 기입하시오)

어떤 순서로 교통수단을 이용하였나요?
(이 통행의 모든 교통수단을 순서대로 기입하세요)

이 통행의 목적지는 어디인지요?
목적지가 집이 아닐 경우 주소를 기입하세요! 추가적으로 landmakr를 기입하서도 됩니다.

목적지가 집인지 여부를 기입하시오.

몇시에 거기에 도착하였는지요?

통행거리를 정확히 추정해주세요

첫번째 통행

시작(시간) [ ] : [ ]

목적/목적지
직장 ☐
다른 업무장소/경로 ☐
보육원/유치원 ☐
초등학교 ☐
학교(직업학교와 대학교) ☐
다른 교육기관 ☐
생필품 구매 ☐
기타 구매 ☐
공공시설(예 : 관청, ☐
의원, 우체국, 은행)
문화시설/극장 ☐
연극 ☐
식당/술집 ☐
사적방문(다른집 방문) ☐
휴양/야외운동 ☐
(산책/반려견 산책)
운동시설(일반적인) ☐
대규모행사(콘서트, 운동경기) ☐
다른 여가활동 ☐
집으로(본인 집) ☐
기타 ☐

[ ]

동행
예 ☐ 가구원과 함께
예 ☐ 다른 사람과 함께
아니오 ☐

교통수단
1. 도보 ☐
2. 자전거 ☐
3. 모페드, 오토바이 ☐
   승용차 자가 운전
4. 가구 승용차 ☐
5. 다른 승용차 ☐
   승용차 내 추가 인원 ☐☐
   승용차 동승
   6. 가구 승용차 ☐
   7. 다른 승용차 ☐
8. 버스 ☐
9. 트램 ☐
10. 지하철 ☐
11. 도시철도 ☐
12. 근거리 교통수단 ☐
13. 장거리 열차 ☐
14. 기타, 즉 ☐

[ ]

많이 활용된 교통수단 ☐☐

교통수단 순서
☐☐ ☐☐ ☐☐
☐☐ ☐☐ ☐☐

목적지 주소

도로, 주소

우편번호, 지역

Landmark

예 ☐ 아니오 ☐

도착시간 [ ] : [ ]

통행거리 약 ____ km

두번째 통행

시작(시간) [ ] : [ ]

목적/목적지
직장 ☐
다른 업무장소/경로 ☐
보육원/유치원 ☐
초등학교 ☐
학교(직업학교와 대학교) ☐
다른 교육기관 ☐
생필품 구매 ☐
기타 구매 ☐
공공시설(예 : 관청, ☐
의원, 우체국, 은행)
문화시설/극장 ☐
연극 ☐
식당/술집 ☐
사적방문(다른집 방문) ☐
휴양/야외운동 ☐
(산책/반려견 산책)
운동시설(일반적인) ☐
대규모행사(콘서트, 운동경기) ☐
다른 여가활동 ☐
집으로(본인 집) ☐
기타 ☐

[ ]

동행
예 ☐ 가구원과 함께
예 ☐ 다른 사람과 함께
아니오 ☐

교통수단
1. 도보 ☐
2. 자전거 ☐
3. 모페드, 오토바이 ☐
   승용차 자가 운전
4. 가구 승용차 ☐
5. 다른 승용차 ☐
   승용차 내 추가 인원 ☐☐
   승용차 동승
   6. 가구 승용차 ☐
   7. 다른 승용차 ☐
8. 버스 ☐
9. 트램 ☐
10. 지하철 ☐
11. 도시철도 ☐
12. 근거리 교통수단 ☐
13. 장거리 열차 ☐
14. 기타, 즉 ☐

[ ]

많이 활용된 교통수단 ☐☐

교통수단 순서
☐☐ ☐☐ ☐☐
☐☐ ☐☐ ☐☐

목적지 주소

도로, 주소

우편번호, 지역

Landmark

예 ☐ 아니오 ☐

도착시간 [ ] : [ ]

통행거리 약 ____ km

세번째 통행

시작(시간) [ ] : [ ]

목적/목적지
직장 ☐
다른 업무장소/경로 ☐
보육원/유치원 ☐
초등학교 ☐
학교(직업학교와 대학교) ☐
다른 교육기관 ☐
생필품 구매 ☐
기타 구매 ☐
공공시설(예 : 관청, ☐
의원, 우체국, 은행)
문화시설/극장 ☐
연극 ☐
식당/술집 ☐
사적방문(다른집 방문) ☐
휴양/야외운동 ☐
(산책/반려견 산책)
운동시설(일반적인) ☐
대규모행사(콘서트, 운동경기) ☐
다른 여가활동 ☐
집으로(본인 집) ☐
기타 ☐

[ ]

동행
예 ☐ 가구원과 함께
예 ☐ 다른 사람과 함께
아니오 ☐

교통수단
1. 도보 ☐
2. 자전거 ☐
3. 모페드, 오토바이 ☐
   승용차 자가 운전
4. 가구 승용차 ☐
5. 다른 승용차 ☐
   승용차 내 추가 인원 ☐☐
   승용차 동승
   6. 가구 승용차 ☐
   7. 다른 승용차 ☐
8. 버스 ☐
9. 트램 ☐
10. 지하철 ☐
11. 도시철도 ☐
12. 근거리 교통수단 ☐
13. 장거리 열차 ☐
14. 기타, 즉 ☐

[ ]

많이 활용된 교통수단 ☐☐

교통수단 순서
☐☐ ☐☐ ☐☐
☐☐ ☐☐ ☐☐

목적지 주소

도로, 주소

우편번호, 지역

Landmark

예 ☐ 아니오 ☐

도착시간 [ ] : [ ]

통행거리 약 ____ km

표 D.5 가구설문조사-1쪽(출처: 독일 통행패널)

교통 오늘과 내일 가구설문조사

먼저 가구설문조사를 기입하세요.
• 10세 이상 참여 의사가 있는 가구원들에 대하여 통행일지가 마련되어 있습니다.
• 통행일지 에티켓에 통행일지를 작성하는 가구원들의 이름과 생년을 기입하세요.
• 당신의 통행에 대해서 이 통행일지만을 활용하세요. 제시된 시작일에 대하여 기입을 해 주세요.

가구에 대한 설문
• 당신의 가구에는 당신과 현재 같이 거주하고 있는 사람들이 포함됩니다.
• 한 가구는 한 사람으로 구성될 수도 있습니다.

주택위치	대도시 도심 ···································· ☐ 도시외곽/대도시 주변도시 ···················· ☐ 중규모 도시 도심 ······························ ☐ 중규모 도시 외곽/주변지역 ···················· ☐ 소도시/큰 마을 ······························· ☐ 소규모 마을/작은 마을 ······················· ☐
당신의 가구 또는 가구원이 주 거주지 이외에 두 번째 거주지 또는 다른 정기적으로 방문하는 전원주택 또는 직장이나 학교 근처에 거처가 있는지요?	직장/학교 인근 거주 ························· ☐ 전원주택/주말농장 ·························· ☐ 군 또는 대체복무 중 거주지 ················· ☐ 기타 ······································ ☐ 없음 ······································ ☐
그럴 경우, 두 번째 거주지는 얼마나 많이 이격되어 있나요?	[　　　　　　　] km
얼마나 많은 사람들이 당신을 포함하여 거주하고 있는지요?	총 거주인　　　　　　[　　　　　] 이 중 : 10세 미만 어린이　[　　　　　]
몇 대의 승용차를 갖고 계신지요 (사적으로 이용 가능한 회사 차 포함)?	총 가구 승용차 대수　　[　　　　　] 없음 ······································ ☐

누가 자동차 등록증 상 차량의 소유자이며 또는 차량을 임대하였습니까?	구분	첫 번째 차량	두 번째 차량	세 번째 차량
	본인/가족, 개인 소유 차량	☐	☐	☐
	본인/가족 회사 소유 차량	☐	☐	☐
	본인 고용주, 업무용 차량	☐	☐	☐
	기타, 즉 [　　　　　　　　　]	☐	☐	☐

표 D.6 가구설문조사 – 2쪽(출처: 독일 통행패널)

차량을 이용	첫 번째 차량 두 번째 차량 세 번째 차량 　단지 사적으로만 　사적 또는 업무 - /사업적 　단지 업무 - /사업적으로만
승용차 - 주차장이 집에 있는지?	첫 번째 차량 두 번째 차량 세 번째 차량 　도로변 　주차장/사적 주차장
거주지 인근에서 노상 주차장을 찾기에 얼마나 힘든 지요?	매우 어려움 어려움 특별히 어렵지 않음 쉬움
거주지 인근에 어떤 대중교통 정류장을 도보로 접근 이 가능한지요? 이 정류장까지 도보로 소요시간은 얼마나 되는지요?	도보 도달 정류장? 　　　　　　　　　예 버스　　　　　　　　　　분 도보 트램　　　　　　　　　　분 도보 지하철　　　　　　　　　분 도보 도시철도　　　　　　　　분 도보 열차　　　　　　　　　　분 도보
당신의 거주지에서 대중교통 연계가 충분히 만족하시 는지 아니면 개선될 여지가 많은지요?	만족함 개선이 필요함
거주지 인근에, 약 1~2 km 반경 내에(15에서 20분 도 보거리)… 아닐 경우 : 옆의 행동을 하기 위해 얼마나 멀리 걷던지 아니면 차 를 타야 하는지요?	예, 아니오 거주지에서 거리 　일용품 구매　　　　　　　　　　　　km 　다른 상품 구매(예 : 의류)　　　　　km 　카페/술집 방문, 　식당　　　　　　　　　　　　　　　km 　야간 여가(예 : 극장 - /연극 - /음악회, 무용 등) 　　　　　　　　　　　　　　　　　　km 　운동(운동시설, 헬스클럽)　　　　　km
당신의 가구에 Car-Sharing 회원이 있는지요?	예 아니오
가구에 모바일전화가 있는지요?	예 아니오
가구에 인터넷 접속이 가능한 PC가 있는지요?	예 아니오

표 D.7 가구원 설문지 − 3쪽(출처: 독일 통행패널)

• **개인설문지(2쪽) : 모든 가구원들에게 다음의 설문에 직접 응답하시기를 부탁드립니다!**

가구원 번호:	최연장자 1	두 번째 연장자 2	세 번째 연장자 3	네 번째 연장자 4	다섯 번째 연장자 5
운전면허증 보유					
보유한 차종에 대한 유효한 면허증을 소지하고 있는지요? 　　승용차(Class B 또는 3) 　　모터사이클(Class 1/1a 또는 A) 　　모페드/모토롤러(Class 4, 1b 또는 M, A1)	예 아니오				
차량 − 보유여부					
교통정보를 수집하기 위해 어떤 매체를 이용하는지요? (운전자 또는 동승자로서) (다수 기입 가능) 　　네비게이션 시스템 　　인터넷 　　모바일 　　라디오 　　출력매체(예 : 지도, 운행계획, 도로지도) 　　상기 매체 미이용					
교통정보(하나만 기입하시오)					
직업 없음 　　어린이(미 취학) 　　전업주부/- 남편 　　퇴직자, 은퇴자 　　군-/공익 복무중 　　일시적 실업자, 0-단기아르바이트					
대중교통 이용					
지난 12개월 동안 대중교통을 이용한적이 있는지요? 만일 아니오라고 응답하였으면 바로 통행설문을 작성하면 됩니다.					

(계속)

가구원 번호:	최연장자 1	두 번째 연장자 2	세 번째 연장자 3	네 번째 연장자 4	다섯 번째 연장자 5
직업					
전일근무(주당 35시간 이상) 주당 18~34시간 주당 18시간 미만 일시적 휴직/휴가 중(예 : 출산휴가-/육아휴가 또는 기타 휴가)					
교육 수준(하나만 기입)					
고등학교 졸업, POS 8 class 직업학교 졸업, POS 10. class 일반 또는 전문대학 졸업 없음					
직업교육 수준(하나만 기입하시오)					
교직, 직업전문학교, 상업학교 마이스터-/기술인학교, 전문학교, 직업-/전문 아카데미 대학- 또는 전문학교 없음					

표 D.8 가구원 설문지 – 4쪽(출처: 독일 통행패널)

가구의 모든 구성원들이 다음의 질문에 답해주세요. 가구가 5명 이상일 경우 조사에 참석하는 가구원 중 나이가 많은 순서로 기입해 주세요. 해당되는 연령에 기입해 주세요.

가구원	최연장자	두 번째 연장자	세 번째 연장자	네 번째 연장자	다섯 번째 연장자
직장/학교/대학교/유치원의 대중교통 접근성					
원할한 직접연결	☐	☐	☐	☐	☐
원할하지 않은 직접연결	☐	☐	☐	☐	☐
1회 환승 연결	☐	☐	☐	☐	☐
다수 환승 연결	☐	☐	☐	☐	☐
대중교통 이용 불가	☐	☐	☐	☐	☐
정류장에서부터 직장/학교/대학교/유치원까지의 도보					
10분 미만	☐	☐	☐	☐	☐
10~20분	☐	☐	☐	☐	☐
20분 이상	☐	☐	☐	☐	☐
직장/학교에서의 주차여건					
매우 어려움	☐	☐	☐	☐	☐
어려움	☐	☐	☐	☐	☐
특별히 어렵지 않음	☐	☐	☐	☐	☐
매우 편함	☐	☐	☐	☐	☐
승용차 – 면허증을 보유하고 있는지요?					
예	☐	☐	☐	☐	☐
아니오…	☐	☐	☐	☐	☐
누가 주로 승용차를 사용하지요(사적으로 활용되는 업무용 차량 포함)?					
예, 정기적으로	☐	☐	☐	☐	☐
예, 가끔/약속을 통해	☐	☐	☐	☐	☐
아니오	☐	☐	☐	☐	☐
대중교통 승차권을 소유하고 있는지?					
예	☐	☐	☐	☐	☐
아니오	☐	☐	☐	☐	☐
독일철도 회원카드를 소유하고 있는지?					
예	☐	☐	☐	☐	☐
아니오	☐	☐	☐	☐	☐
누가 –	예 아니오	예 아니오	예 아니오	예 아니오	예 아니오
모파/모페드/오토바이?	☐ ☐	☐ ☐	☐ ☐	☐ ☐	☐ ☐
자전거를 갖고 있는지?	☐ ☐	☐ ☐	☐ ☐	☐ ☐	☐ ☐

월 가구 수입이 얼마인지?
급여와 자체 소득, 연금이 포함되며, 이때 세금과 4대 보험료는 제외됨. 정부보조, 임대수익, 자녀보조금 및 기타수익은 포함

500 유로 미만	☐	2.000~2.500 유로	☐
500~1.000 유로	☐	2.500~3.000 유로	☐
1.000~1.500 유로	☐	3.000~3.500 유로	☐
1.500~2.000 유로	☐	3.500 유로 이상	☐

표 D.9 통행일기장 예시

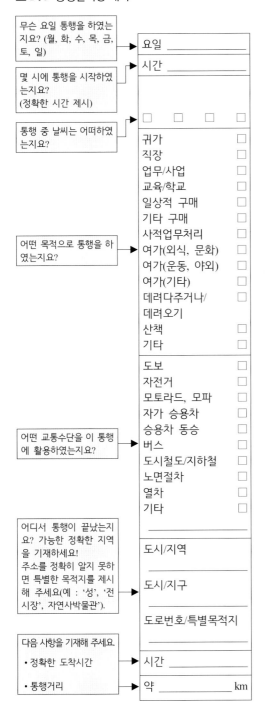

표 D.10 정보보호 설명문 예시

보호 안내문

이번 차량소유 설문 시 독일 내 연방과 주 정부의 정보보호법령과 연계된 도로교통 법령에 따라 정보보호에 관한 법적 규정이 준수됨은 당연합니다. 본 설문에서 수집되는 인적 정보는 연방정보보호법 5에 따라 정보비밀의 보장이 의무화됩니다.

설문수행을 위하여 차량 소유자의 성명과 주소는 물론 차량번호판이 포함된 주소데이터가 생성됩니다. 이 주소로 우리는 단지 여러분이 제시한 내용에 대하여 추가적인 질문이 있을 경우에만 연락을 드립니다. 통행설문 종료 후에는 이 주소데이터는 삭제됩니다.

설문지 기입내용은 분석과정에서 숫자로 전환됩니다. 이에 따라 차량위치와 여러분께서 작성하신 모든 주소는 넓은 범위의 공간단위 숫자로 암호화되는 공간좌표로 전환됩니다. 숫자는 컴퓨터에 저장됨으로서 차량소유자의 성명 없이, 주소 없이, 차량번호판 없이(즉 익명화되어) 저장됩니다.

어떤 경우에도 해당되는 차량소유자와 차량에 대한 어떤 암시를 줄 수 있는 아무런 데이터도 제3자에게 제공되지 않는 다는 점을 분명히 합니다.

독일 내 차량소유자에 대한 이 설문의 종료 후에 모든 설문지는 폐기됩니다.

익명화된 데이터는 컴퓨터프로그램을 이용하여 분석됩니다. 결과는 그룹으로 묶여 표현됩니다. 따라서 어떤 사람인지, 어떤 회사인지, 어떤 차량에 대한 정보인지 아무도 인지할 수가 없습니다. 결과들은 추후 교통정책, 교통통계와 교통계획에 활용됩니다.

여러분의 협조와 본 설문에서 보여준 신뢰에 감사드립니다.

표 D.11 차량소유자 설문 예시, 1부(출처: KiD 2010)

독일 차량교통
독일 교통건설도시개발부 위탁 차량 – 소유자 설문

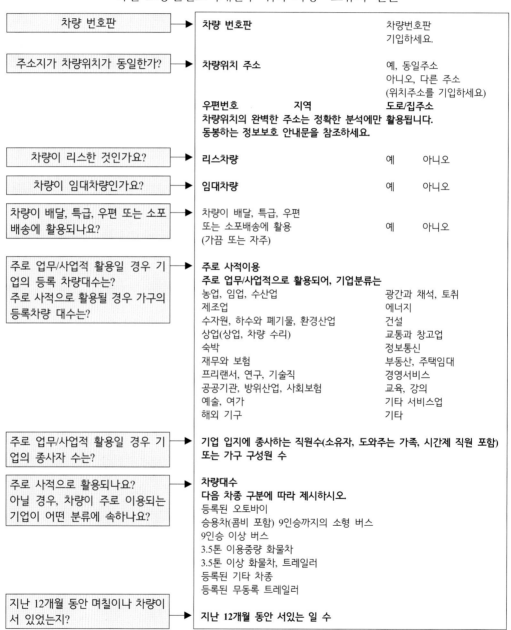

| 차량 번호판 | 차량 번호판 | 차량번호판 기입하세요. |

차량 번호판 → 차량 번호판 ···· 차량번호판 기입하세요.

주소지가 차량위치가 동일한가? → 차량위치 주소 ···· 예, 동일주소 / 아니오, 다른 주소 (위치주소를 기입하세요)

우편번호 지역 **도로/집주소**
차량위치의 완벽한 주소는 정확한 분석에만 활용됩니다.
동봉하는 정보보호 안내문을 참조하세요.

차량이 리스한 것인가요? → **리스차량** 예 아니오

차량이 임대차량인가요? → **임대차량** 예 아니오

차량이 배달, 특급, 우편 또는 소포 배송에 활용되나요? → 차량이 배달, 특급, 우편 또는 소포배송에 활용 (가끔 또는 자주) 예 아니오

주로 업무/사업적 활용일 경우 기업의 등록 차량대수는? 주로 사적으로 활용될 경우 가구의 등록차량 대수는? → **주로 사적이용**
주로 업무/사업적으로 활용되어, 기업분류는
농업, 임업, 수산업	광간과 채석, 토취
제조업	에너지
수자원, 하수와 폐기물, 환경산업	건설
상업(상업, 차량 수리)	교통과 창고업
숙박	정보통신
재무와 보험	부동산, 주택임대
프리랜서, 연구, 기술직	경영서비스
공공기관, 방위산업, 사회보험	교육, 강의
예술, 여가	기타 서비스업
해외 기구	기타

주로 업무/사업적 활용일 경우 기업의 종사자 수는? → **기업 입지에 종사하는 직원수(소유자, 도와주는 가족, 시간제 직원 포함) 또는 가구 구성원 수**

주로 사적으로 활용되나요? 아닐 경우, 차량이 주로 이용되는 기업이 어떤 분류에 속하나요? → **차량대수**
다음 차종 구분에 따라 제시하시오.
등록된 오토바이
승용차(콤비 포함) 9인승까지의 소형 버스
9인승 이상 버스
3.5톤 이용중량 화물차
3.5톤 이상 화물차, 트레일러
등록된 기타 차종
등록된 무동록 트레일러

지난 12개월 동안 며칠이나 차량이 서 있었는지? → **지난 12개월 동안 서있는 일 수**

표 D.12 차량소유자 설문 예시, 2부(출처: KiD 2010)

차량투입 영역은 다음을 포함(다수 제시 가능)

자체 회사내부	독일 인접국가
차량 입지 도시	유럽 기타지역
차량 입지 주변(최대 50 km)	기타
독일 내	

차량입지 주소의 어디에 주로 주차되는가?

공공 도로공간	자체 소유지
소유자 회사 경내	타인 소유지
다른 회사 경내	기타 장소

차량 에너지 충전을 위해 차량입지 두소에 어떤 시설이 있는지요? (다수 제시 가능)

휘발유 주유소	전기차를 위한 전기충전소
디젤 주유소	기타
가스 충전소	없음

차량 네비게이션을 위해 어떤 기술이 이용되는지요?

고정 네비게이션 장비	네비게이션 SW 부착 PDA 또는 이동전화
이동 네비게이션 장비	없음

업무/사적 운행에 대해서만 운행계획 수립을 위하여 어떤 기술이 이용되는지?

배차 SW	기타
Tour Plan SW	없음
수동	모름

참여해 주셔 감사합니다!
설문지를 연방차량청으로 회송해 주십시요. 감사합니다!
설문지는 인터넷 www.kid2010.de 기입하셔도 됩니다.
문의 hotline:
전화 : 0531 387750 표본 일과 월요일에서 금요일 8 : 00 ~ 16 : 00
인터넷 : www.kid2010.de 기타 의견을 제시해 주세요.

표 D.13 운행기록 예시, 1부 (출처: KiD 2010))

다음 내용을 기입
해당 일에 해당 차량으로 수행된 모든 운행을 기입하시오 (단거리 운행, 귀가와 사적 운행 포함).

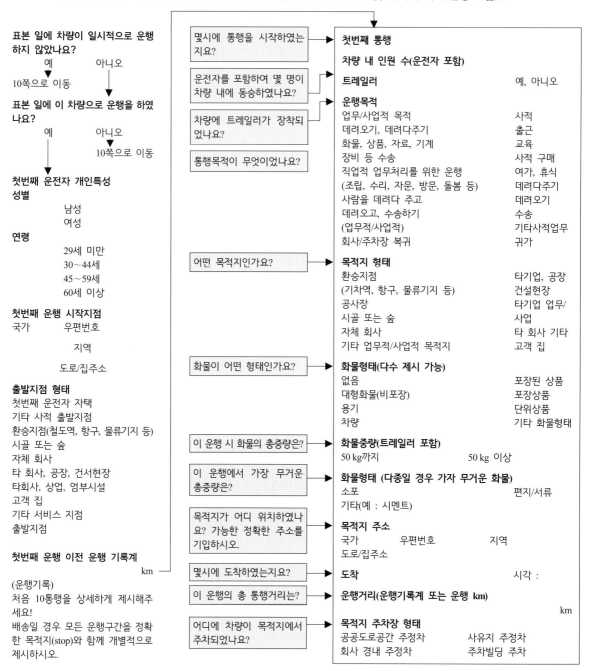

표본 일에 차량이 일시적으로 운행하지 않았나요?

    예   아니오

10쪽으로 이동

표본 일에 이 차량으로 운행을 하였나요?

    예   아니오

                10쪽으로 이동

첫번째 운전자 개인특성
성별
        남성
        여성
연령
        29세 미만
        30~44세
        45~59세
        60세 이상

첫번째 운행 시작지점
국가   우편번호

        지역

        도로/집주소

출발지점 형태
첫번째 운전자 자택
기타 사적 출발지점
환승지점(철도역, 항구, 물류기지 등)
시골 또는 숲
자체 회사
타 회사, 공장, 건서현장
타회사, 상업, 업부시설
고객 집
기타 서비스 지점
출발지점

첫번째 운행 이전 운행 기록계
                km

(운행기록)
처음 10통행을 상세하게 제시해주세요!
배송일 경우 모든 운행구간을 정확한 목적지(stop)와 함께 개별적으로 제시하시오.

몇시에 통행을 시작하였는지요?

운전자를 포함하여 몇 명이 차량 내에 동승하였나요?

차량에 트레일러가 장착되었나요?

통행목적이 무엇이었나요?

어떤 목적지인가요?

화물이 어떤 형태인가요?

이 운행 시 화물의 총중량은?

이 운행에서 가장 무거운 총중량은?

목적지가 어디 위치하였나요? 가능한 정확한 주소를 기입하시오.

몇시에 도착하였는지요?

이 운행의 총 통행거리는?

어디에 차량이 목적지에서 주차되었나요?

첫번째 통행

차량 내 인원 수(운전자 포함)

트레일러   예, 아니오

운행목적
업무/사업적 목적   사적
데려오기, 데려다주기   출근
화물, 상품, 자료, 기계   교육
장비 등 수송   사적 구매
직업적 업무처리를 위한 운행   여가, 휴식
(조립, 수리, 자문, 방문, 돌봄 등)   데려다주기
사람을 데려다 주고   데려오기
데려오고, 수송하기   수송
(업무적/사업적)   기타사적업무
회사/주차장 복귀   귀가

목적지 형태
환승지점   타기업, 공장
(기차역, 항구, 물류기지 등)   건설현장
공사장   타기업 업무/
시골 또는 숲   사업
자체 회사   타 회사 기타
기타 업무적/사업적 목적지   고객 집

화물형태(다수 제시 가능)
없음   포장된 상품
대형화물(비포장)   포장상품
용기   단위상품
차량   기타 화물형태

화물중량(트레일러 포함)
50 kg까지   50 kg 이상

화물형태 (다종일 경우 가자 무거운 화물)
소포   편지/서류
기타(예 : 시멘트)

목적지 주소
국가   우편번호   지역
도로/집주소

도착   시각 :

운행거리(운행기록계 또는 운행 km)
                km

목적지 주차장 형태
공공도로공간 주정차   사유지 주정차
회사 경내 주정차   주차빌딩 주차

표 D. 14 운행기록 예시, 2부(출처: KiD 2010)

열 번째 통행	
차량 내 인원 수(운전자 포함)	
트레일러	예 · · · 아니오

운행목적	
업무/사업적 목적	사적
데려오기, 데려다주기	출근
화물, 상품, 자료, 기계	교육
장비 등 수송	사적 구매
직업적 업무처리를 위한 운행	여가, 휴식
(조립, 수리, 자문, 방문, 돌봄 등)	데려다주기
사람을 데려다 주고	데려오기
데려오고, 수송하기	수송
(업무적/사업적)	기타사적업무
회사/주차장 복귀	귀가

목적지 형태	
환승지점	타기업, 공장
(기차역, 항구, 물류기지 등)	건설현장
공사장	타기업 업무/
시골 또는 숲	사업
자체 회사	타 회사 기타
기타 업무적/사업적 목적지	고객 집

화물형태(다수 제시 가능)	
없음	포장된 상품
대형화물(비포장)	포장상품
용기	단위상품
차량	기타 화물형태

화물중량(트레일러 포함)	
50 kg까지	50 kg 이상

화물형태(다종일 경우 가자 무거운 화물)	
소포	편지/서류
기타(예 : 시멘트)	

목적지 주소	
국가 · · · 우편번호 · · · 지역	
도로/집주소	
도착	시각 :

운행거리(운행기록계 또는 운행 km)	
	km

목적지 주차장 형태	
공공도로공간 주정차	사유지 주정차
회사 경내 주정차	주차빌딩 주차

추가 운행수(복귀 포함 그리고 마지막 운행 포함)	
표본일에 10회 운행 이상 시	
마지막 운행 시작시각	

운행목적	
업무/사업적 목적	사적
데려오기, 데려다주기	출근
화물, 상품, 자료, 기계	교육
장비 등 수송	사적 구매
직업적 업무처리를 위한 운행	여가, 휴식
(조립, 수리, 자문, 방문, 돌봄 등)	데려다주기
사람을 데려다 주고	데려오기
데려오고, 수송하기	수송
(업무적/사업적)	기타사적업무
회사/주차장 복귀	귀가

목적지 형태	
환승지점	타기업, 공장
(기차역, 항구, 물류기지 등)	건설현장
공사장	타기업 업무/
시골 또는 숲	사업
자체 회사	타 회사 기타
기타 업무적/사업적 목적지	고객 집

마지막 운행 목적지 주소	
국가 우편번호 지역	
도로/집주소	

마지막 운행 도착	
일자 시각 :	

목적지 주차장 형태	
공공도로공간 주정차	사유지 주정차
회사 경내 주정차	주차빌딩 주차

마지막 운행 종료 후 차량의 운행기록계	
	km

표 D.15 도로망 내 설문 조사양식(1)

교통설문								
계측장소 : 운행방향 일시: 기상 :				쪽 번호 조사자 성명 시각 : 부터 까지				
차량-형태	어디서 왔는지요?				어디로 가는지요?			
	지역 1	지역 2	지역 3	지역 4	지역 1	지역 2	지역 3	지역 4
자전거/모페드								
승용차/오토바이/ 소형수송차량(2,6 t)								
소형수송차량 (< 3,5 t)								
화물차/버스(> 3.5 t), 트레일러 없는								
트레일러 있는 화물차								

표 D.16 도로망 내 설문 조사양식(2)

교통조사 _____   조사장소 _____   조사지 번호 _____

일자 _____   운행방향 _____   조사자 성명 _____

| 시각 | 차종 | | | | | | 운행목적 | | | | | | 어디서.? | 어디로? |
	1	2	3	4	5	6	직장	학교	업무/사업	구매/사적업무	여가	귀가	운행시작	운행종료
	자전거	오토바이	승용차	화물차 〉3.5 t	화물차 〉3.5 t	버스								

표 D.17 도로망 내 설문 조사양식(3)

교통조사
지역과 주제 표시

설문지 : □□ - □□□
시 각 : □□ : □□

안녕하세요!
우리는 … 위탁을 받아 차량소유자 설문을 수행하고 있습니다.
설문결과는 도심지역의 교통상황을 개선하는데 활용됩니다.
설문은 당연히 자율적입니다. 설문에 참여하실 의사가 있으신지요?

1. 차종   □ 승용차/콤비   □ 소형트럭   □ 소형버스
               기타 [   ]

2. 지역표시

3. 차량내 인원   [   ]   □ 거부자

4. 어디서 오셨는지요?   □ 조사도시 → 도로명(구) [   ]
                   □ 기타지역 → 지역명 [   ]

5. 어디로 가시는지요?   □ 조사도시 → 도로명(구) [   ]
                   □ 기타지역 → 지역명 [   ]

6. 왜 운행을 하시는지요?   □ 귀가
   (다수 기입 가능)   □ 직장   □ 학교/교육
                      □ 일상적 구매   □ 업무처리(관청, 병원 등)
                      □ 배회/백화점   □ 여가
                      □ 회사업무
                      □ 기타 → 무엇인지? [   ]

표 D.18 주차시설 설문 조사양식

교통조사   조사장소 :   조사지 번호 :
일자 :   운행방향 :   조사자 성명 :

시각	차종	인원수	출발시각	주차시간	운행 목적지	주차목적						통상적 차량 위치
						출근	학교	업무/사업	구매/일상업무	여가	귀가	

표 D.19 P+R 조사양식

교통조사   역/정류장 :   조사지 번호 :

일자 :   R+R영역 :   조사자 성명 :

도착 시간	차종	인원수	P+R 이용자		어디서?	어디로?	운행목적						시간제 면허	
			예	아니오	운행 시작지	목적지 정류장	출근	학교	업무/사업	구매/일상 업무	여가	귀가	예	아니오

표 D. 20

교통조사
지역과 주제 표시

설문지 : □□ - □□□
시 각 : □□ : □□

안녕하세요!
우리는 … 위탁을 받아 "도심지역 주차"에 관한 주제의 설문을 수행하고 있습니다.
설문결과는 도심지역의 주차여건을 개선하는데 활용됩니다. 몇 분 정도 설문에 참여하실 의사가 있으신지요?

1. 어디서 오셨는지요?
　　　□ 조사도시 → 도로명(구) □□□□□
　　　□ 기타 지역 → 지역명

　이 주소가 당신의 …?
　　　□ 자체 집　　　□ 직장/학교　　　□ 기타
　　　어디에 당신의 집이 있는지요?
　　　□ 조사도시 → 도로명(구) □□□□□
　　　□ 기타 지역 → 지역명 □□□□□

2. 어디로 가시는지요?
　현재 장소를 O로 표현하세요.
　　　□ 보행자전용지구　　　□ 칼스타트(백화점)
　　　□ 시청　　　□ 기타장소
　목적지를 ×로 표현하세요.
　　　□□□□□

3. 도심에 어떤 목적으로 오셨
　는지요?
　(다수 기입 가능)
　　□ 직장
　　□ 학교/교육
　　□ 구매 → □ 일상용품 □ 의류 □ 가사용품/의약품 □ 기타
　　□ 개인업무 → □ 병원 □ 관공서 □ 은행 □ 기타
　　□ 배회/구매
　　□ 여가 → 정확히 □□□□□
　　□ 업무/사업
　　□ 기타 → 정확히 □□□□□

4. 얼마나 오래 도심에 머무르시는지요?
　□□□□□ 시간기입

5. 도심지역에서 주차에 대한 의견이 있으신지요?

설문자 인적사항
총 인원 □□□

No	번호	설명
1		
2		
3		

주차형태
□ 도로공간　　　□ ?
□ 별도 주차장　　□ 주차증
□ 불법주차　　　□ ?

E 정성적 조사기법

표 E.1 참여 기법 개요; 연령에 따른 기법 평가와 주제 선택을 위한 참고사항

연령그룹	적절 기법	내용적 범위	기법적 참고사항
4에서 6세	• 동작과 정신적인 요구가 교차하는 순회 설문과 다른 기법 • 미래상의 비판-과 이상적 상상이 매우 단순화된 형태	어린이들이 매일 활동하고 상상할 수 있는 장소에 대한 평가(무엇이 좋고 나쁜지) - 장소 구체화 또는 일반화(예. "그 도로")	• 상황을 어린이에게 쉽게 설명하고 조사를 지원하는 보육자가 매우 도움이 됨 • 동작과 정신적인 작업 간의 변화가 매우 중요함 • 단위 설문 당 최대 30분 정도의 집중이 가능함 • 이 연령층에서는 warming-up 단계가 특히 중요함 • 태도 관찰과 잘못된 행동은 설문에 대한 보완으로서 이 연령층에서 의미있는 내용을 제시 • 결과 부정을 위하여 부모와 대화가 추천됨
6에서 10세	• 위와 같은 순회 설문과 카드질의, Brain storming과 같은 기법, 간단한 진술의 사고를 요구 • 미래상의 비판-과 이상적 상상이 약간 단순화된 형태	어린이들에게 매일 해당되는 모든 것(예 : 통행 - 자전거, 도보,…, 또는 학교, 특정한 체류장소,…)	• 진행을 지원하고 이해를 돕기 위하여 교육학 전문인력이 도움이 됨 • 느슨한 분위기가 중요 • 강도 있는 설문과 아이디어 도출은 최대 3단계 • 어린이의 능력은 많이 다름 • 특정한 장소와 상황에 대한 명시가 필요함
11에서 14세	순회 설문, 카드 질의와 Brain storming과 앞에서 언급된 기법, 더 힘든 그리고 다단계로 구성된 집중을 요구하고 장시간 동안 수행되며, 매 단계별 현장조사, 미래상에 대한 비판적 결과	구체적인 동기에 기반한 추상적인 주제 가능(예 : 청소년들이 평가하는 구체적인 지역의 청소년 친화적인 도시)	• 부분적으로 그룹의 활성화를 위해 교육전문가가 필요함 • 학생들을 유도하는 것이 중요함: 주제로 부터 상황에 따라 벗어나는 경향이 있음 - 개별 단계로 구분하여 작업을 진행하여 하나의 대상에 집중토록 함
15에서 18세	성인들에게 수행되는 모든 기법; 제한이 없음	제한이 없음	• 교육학적 지원이 필요 없음 • 성인들과 같은 수준으로 대응

Index

교통조사론

2017년 8월 25일 제1판 1쇄 펴냄

지은이 FGSV | 옮긴이 이선하 | 펴낸이 류원식 | 펴낸곳 청문각출판

편집부장 김경수 | 책임진행 오세은 | 본문편집 디자인이투이 | 표지디자인 유선영
제작 김선형 | 홍보 김은주 | 영업 함승형·박현수·이훈섭
주소 (10881) 경기도 파주시 문발로 116(문발동 536-2) | 전화 1644-0965(대표)
팩스 070-8650-0965 | 등록 2015. 01. 08. 제406-2015-000005호
홈페이지 www.cmgpg.co.kr | E-mail cmg@cmgpg.co.kr
ISBN 978-89-6364-328-1 (93530) | 값 15,300원